"101 计划" 核心教材
数学领域

数学"101 计划"之微分方程

数学物理方程

雷震　王志强　华波波

曲鹏　黄耿耿　　　编著

中国教育出版传媒集团

高等教育出版社·北京

内容提要

    本书根据编者在复旦大学多年的教学实践编写而成。全书共分五章：第一章介绍数学物理方程及偏微分方程的基本概念、基本来源、研究对象以及二阶偏微分方程的基本分类；第二至四章依次介绍三类典型的数学物理方程（调和方程、热方程、波方程）的物理来源，定解问题的提法与适定性理论，以及相应的解的性质；第五章介绍偏微分方程的一些现代应用。本书适合作为高水平本科院校数学专业的高年级本科生、研究生数学物理方程（或偏微分方程）课程的教材或教学参考书。

总　序

　　自数学出现以来，世界上不同国家、地区的人们在生产实践中、在思考探索中以不同的节奏推动着数学的不断突破和飞跃，并使之成为一门系统的学科。尤其是进入 21 世纪之后，数学发展的速度、规模、抽象程度及其应用的广泛和深入都远远超过了以往任何时期。数学的发展不仅是在理论知识方面的增加和扩大，更是思维能力的转变和升级，数学深刻地改变了人类认识和改造世界的方式。对于新时代的数学研究和教育工作者而言，有责任将这些知识和能力的发展与革新及时体现到课程和教材改革等工作当中。

　　数学 "101 计划" 核心教材是我国高等教育领域数学教材的大型编写工程。作为教育部基础学科系列 "101 计划" 的一部分，数学 "101 计划" 旨在通过深化课程、教材改革，探索培养具有国际视野的数学拔尖创新人才，教材的编写是其中一项重要工作。教材是学生理解和掌握数学的主要载体，教材质量的高低对数学教育的变革与发展意义重大。优秀的数学教材可以为青年学生打下坚实的数学基础，培养他们的逻辑思维能力和解决问题的能力，激发他们进一步探索数学的兴趣和热情。为此，数学 "101 计划" 工作组统筹协调来自国内 16 所一流高校的师资力量，全面梳理知识点，强化协同创新，陆续编写完成符合数学学科 "教与学" 特点，体现学术前沿，具备中国特色的高质量核心教材。此次核心教材的编写者均为具有丰富教学成果和教材编写经验的数学家，他们当中很多人不仅有国际视野，还在各自的研究领域作出杰出的工作成果。在教材的内容方面，几乎是包括了分析学、代数学、几何学、微分方程、概率论、现代分析、数论基础、代数几何基础、拓扑学、微分几何、应用数学基础、统计学基础等现代数学的全部分支方向。考虑到不同层次的学生需要，编写组对个别教材设置了不同难度的版本。同时，还及时结合现代科技的最新动向，特别组织编写《人工智能的数学基础》等相关教材。

　　数学 "101 计划" 核心教材得以顺利完成离不开所有参与教材编写和审订的专家、学者及编辑人员的辛勤付出，在此深表感谢。希望读者们能通过数学 "101 计划" 核心教材更好地构建扎实的数学知识基础，锻炼数学思维能力，深化对数学的理解, 进一步生发出自主学习探究的能力。期盼广大青年学生受益于这套核心教材, 有更多的拔尖创新人才脱颖而出!

田 刚

数学 "101 计划" 工作组组长

中国科学院院士

北京大学讲席教授

前　言

　　偏微分方程是连接纯粹数学与自然科学及工程技术的重要桥梁, 是数学在各行各业发挥关键作用的重要工具之一。数学物理方程 (简称为数理方程) 主要是指根据物理学及其他各门自然科学中第一性原理而建立的偏微分方程模型。对数理方程乃至一般的偏微分方程的研究推动了这些学科及领域的发展, 甚至成为某些学科及领域研究的核心内容。随着现代科技的发展, 偏微分方程在物理、力学以外的学科 (如生物、材料、经济、管理等), 以及在众多工程技术领域 (如航空、航天、金融、电力、水利等) 也发挥着越来越重要的作用。

　　数理方程课程是数学专业本科生的专业必修课, 主要介绍偏微分方程的经典理论, 是基础数学、应用数学和计算数学等方向的核心课程。

　　从 1960 年代起, 谷超豪先生开始在复旦大学数学系为本科生开设数理方程课程, 谷超豪、李大潜、陈恕行、郑宋穆、谭永基编写完成《数学物理方程》讲义和教材, 其显著特点是高度重视方程及其求解方法的物理背景, 在全国高校数学及相关专业推广使用后, 取得了广泛而深远的影响。

　　随着现代偏微分方程理论的发展, 特别是在人工智能、芯片设计制造等新兴领域的广泛应用, 数理方程课程内容和教材的定位及内容发生了变化, 亟待革新。为响应国家建设一流课程、培养一流人才的号召, 复旦大学数理方程教学团队自 2019 年起启动课程改革与建设, 2021 年起每年开设荣誉课程, 形成了追求卓越、与时俱进、以学生发展为中心的教学理念, 计划把数理方程建设成为一门面向一流数学专业拔尖本科生、具有鲜明复旦特色的核心专业课, 并把编写一本高水平教材作为核心目标之一。

　　本书定位是作为高水平本科院校的数学专业的高年级本科生、研究生数学物理方程 (或偏微分方程) 课程的教材或教学参考书。本书共分五章: 引言, 调和方程, 热方程, 波方程, 偏微分方程的应用。第一章介绍数理方程及偏微分方程的一些基本概念、基本来源、研究对象以及二阶偏微分方程的基本分类; 第二至四章依次介绍三类典型的数理方程 (调和方程、热方程、波方程) 的物理来源, 定解问题的提法与适定性理论, 以及相应的 (经典) 解的性质; 第五章介绍偏微分方程的一些现代应用。最后, 在附录中提供了习题答案与提示。其中, 我们将重点介绍研究偏微分方程的一些重要的思想和方法, 如极值原理、Green 函数法、分离变量法、Fourier 变换法、能量积分法等。内容涵盖了教育部本科教育教学改革试点工作计划 ("101 计划")《高等学校数学类专业人才培养战略研究报告暨核心课程体系》中所列的 "偏微分方程" 课程知识要点。

一方面, 本书继续保持和发扬复旦大学谷超豪先生等编写的经典教材中的优秀传统: 以三类二阶方程的定解问题的适定性理论为教材的核心内容; 继续强调物理背景, 注重空间为一、二、三维的情形, 用理论解释现象。

另一方面, 本书对教材内容进行了精心设计, 结合学科发展前沿, 作了拓广和深化, 总体上有以下显著的特点:

(1) 调整内容次序, 先讲椭圆型方程, 它的特征理论就可作为分离变量法求解热方程、波方程初边值问题的依据。

(2) 注重从物理背景出发, 从方程特殊解的例子出发, 引出解的一般性质及求解方法的讨论。

(3) 加强挑战性, 拓广和深化数学分析内容, 加入了椭圆型方程和热方程的梯度估计; 接轨科研前沿, 贴近一线研究成果和发展方向, 引入热方程的古代解与 Liouville 性质; 加强延伸性, 与研究生课程 "现代偏微分方程" 接轨, 引入广义解、广义函数及其 Fourier 变换, 以及解算子概念; 与其他数学方向 (控制论、微分几何等) 密切联系, 介绍热方程解的倒向唯一性以及带耗散边界条件的波方程的指数稳定性等。

(4) 分层次精选了部分习题, 较为基础的习题作为教材内容的补充, 挑战性强的习题作为深化和拓展。

我们希望读者通过使用本书, 能从物理模型和数学理论两个方面, 把握这三类数学物理方程定解问题提法及其适定性理论的异同点, 能掌握研究偏微分方程适定性的一些重要方法, 为进一步学习偏微分方程现代方法、微分方程数值解、反问题、控制理论与几何分析等内容打下坚实基础。

从 2019 年起, 编者轮番面向复旦大学数学科学学院大学三年级本科生开设数理方程及其荣誉课程, 并陆续使用新编讲义。完成本教材前四章的教学大约需要 64 学时。教师可以根据所在学校学生的实际情况, 选择教材内容进行教学或者供学生自主学习。

在教材撰写和修订过程中, 编者得到了复旦大学李大潜先生、洪家兴先生、陈恕行先生的关心和鼓励, 以及偏微分方程教学团队老师们的宝贵建议。教育部数学 "101 计划" 工作组, 特别是微分方程组的专家们给予了热情鼓励和大力支持。在此, 编者对各位前辈、同行的关心和帮助表示衷心的感谢。

此外, 编者要特别感谢多位课程助教, 他们帮助整理和修订了讲义, 指出了原稿中的许多错误, 并提供了习题答案与提示。感谢复旦大学数学科学学院自 2016 级以来的多届本科生, 他们对课程讲义和教学实施提出了许多宝贵的意见。

最后, 编者要感谢高等教育出版社给予的关心和支持, 特别是编辑们的帮助, 使得本书得以顺利出版。

限于编者的水平, 不妥及错漏之处在所难免, 恳请广大读者批评指正。

编　者

2024 年 7 月

目 录

第一章

引　言

数学物理方程主要是指从物理学及其他各门自然科学中所产生的偏微分方程 (有时也包括与此相关的积分方程、积分微分方程等). 它们反映了未知函数及其偏导数 (通常是关于时间和空间变量) 的关系. 本书将介绍数学物理方程中基础性的理论.

首先, 我们介绍一般的偏微分方程的基本定义与类别.

含有未知函数偏导数的方程称为**偏微分方程 (partial differential equation)**.

设 k 为正整数, Ω 为 $\mathbb{R}^n$ 中的连通区域, $u : \Omega \to \mathbb{R}$ 为未知函数. Ω 上的 k 阶偏微分方程的一般表达式为

$$F(D^k u, \cdots, u, x) = 0, \quad x \in \Omega,$$

这里 $F : \mathbb{R}^{n^k} \times \cdots \times \mathbb{R} \times \Omega \to \mathbb{R}$ 为给定的光滑函数, $D^k u$ 为 u 的 k 阶偏导数. 特别地, 当 F 关于 $D^k u, \cdots, Du, u$ 均线性时, 方程

$$\sum_{|\alpha| \leqslant k} a_\alpha(x) D^\alpha u = f(x), \quad x \in \Omega$$

称为 k 阶**线性偏微分方程**, 这里 $\alpha = (\alpha_1, \alpha_2, \cdots, \alpha_n)$, $|\alpha| = \alpha_1 + \alpha_2 + \cdots + \alpha_n$,

$$D^\alpha u = \frac{\partial^{\alpha_1 + \alpha_2 + \cdots + \alpha_n}}{\partial x_1^{\alpha_1} \partial x_2^{\alpha_2} \cdots \partial x_n^{\alpha_n}} u.$$

以下是几个重要的线性偏微分方程的例子:

- 调和 (Laplace (拉普拉斯)) 方程

$$\Delta u \equiv \sum_{i=1}^n \frac{\partial^2 u}{\partial x_i^2} = 0,$$

其中 Δ 称为 Laplace 算子.

- Poisson (泊松) 方程

$$-\Delta u = f.$$

- 热方程

$$\partial_t u - \Delta u = 0.$$

- 反应扩散方程

$$\partial_t u - \Delta u = f.$$

- 波方程

$$\partial_t^2 u - \Delta u = f.$$

- 弹性力学方程组

$$\partial_t^2 \boldsymbol{u} - \mu \Delta \boldsymbol{u} - (\lambda + \mu) \nabla \operatorname{div} \boldsymbol{u} = f.$$

- Schrödinger (薛定谔) 方程

$$\mathrm{i}\partial_t u + \Delta u = 0.$$

- Maxwell (麦克斯韦) 方程组

$$\begin{cases} \partial_t \boldsymbol{E} = \operatorname{curl} \boldsymbol{B}, \\ \partial_t \boldsymbol{B} = -\operatorname{curl} \boldsymbol{E}, \\ \operatorname{div} \boldsymbol{E} = \operatorname{div} \boldsymbol{B} = 0. \end{cases}$$

- Cauchy-Riemann (柯西 – 黎曼) 方程组

$$\begin{cases} \partial_x u = \partial_y v, \\ \partial_y u = -\partial_x v. \end{cases}$$

若 F 关于 u 的最高阶导数项是线性的, 非线性只出现在函数 u 及其低阶导数项里, 则称这类方程为**半线性偏微分方程**. 以下是几个重要的半线性偏微分方程的例子:

- Navier-Stokes (纳维 – 斯托克斯) 方程组 ($\mu > 0$)

$$\begin{cases} \partial_t \boldsymbol{u} + (\boldsymbol{u} \cdot \nabla)\boldsymbol{u} - \mu\Delta \boldsymbol{u} = -\nabla p, \\ \operatorname{div} \boldsymbol{u} = 0. \end{cases}$$

- Korteweg-de Vries (KdV) (科尔泰沃赫 – 德弗里斯) 方程

$$\partial_t u + u\partial_x u + \partial_x^3 u = 0.$$

- Black-Scholes (布莱克 – 斯科尔斯) 方程

$$\partial_t V + \frac{1}{2}\sigma^2 S^2 \partial_S^2 V + rS\partial_S V - rV = 0.$$

若最高阶导数的系数仅依赖于函数 u 及其低阶导数项, 则称这类方程为**拟线性偏微分方程**. 以下是几个重要的拟线性偏微分方程的例子:

- 守恒律方程组

$$\partial_t \boldsymbol{u} + \operatorname{div} \boldsymbol{F}(\boldsymbol{u}) = 0.$$

- 极小曲面方程

$$\operatorname{div}\left(\frac{D\boldsymbol{u}}{(1 + |D\boldsymbol{u}|^2)^{\frac{1}{2}}}\right) = 0.$$

- Einstein (爱因斯坦) 场方程

$$G_{\mu\nu} + \Lambda g_{\mu\nu} = \frac{8\pi G}{c^4} T_{\mu\nu}.$$

- Yang-Mills (杨 – 米尔斯) 方程

$$\partial^\mu F_{\mu\nu}^a + g f^{abc} A^{\mu b} F_{\mu\nu}^c = 0.$$

若 F 关于 u 的最高阶导数项也是非线性的, 则称这类方程为**完全非线性偏微分方程**. 以下是几个重要的完全非线性偏微分方程的例子:

- Hamilton-Jacobi (哈密顿 – 雅可比) 方程

$$\partial_t u + H(Du, x) = 0.$$

- Monge-Ampère (蒙日 – 安培) 方程

$$\det D^2 u = f.$$

从上面的这些例子, 我们可以看出**偏微分方程的来源**非常广泛, 其中最重要的来源是物理, 力学 (如弹性力学、流体力学、电动力学、量子力学等) 等学科, 以及来自数学学科的其他分支 (如复变函数、微分几何、控制理论等). 对这些数理方程, 乃至一般的偏微分方程的研究推动了这些学科及领域的发展, 甚至成为某些学科及领域研究的核心内容. 随着现代科技的发展, 偏微分方程在物理、力学以外的学科 (如生物、材料、经济、管理等), 以及在众多工程技术领域 (如航空、航天、金融、电力、水利等) 都发挥着越来越重要的作用. 这也使得偏微分方程成为了连接纯粹数学与各门自然科学及工程技术等领域的一个重要桥梁, 是数学应用的一个重要工具.

那么, 研究偏微分方程到底是研究些什么内容呢? 一般来说, **偏微分方程研究的主要内容**是求偏微分方程的解和解的性质.

对于一个偏微分方程来说, 如果一个函数具有方程中所需要的各阶连续偏导数, 且将其代入方程时恒成立, 则称此函数为该偏微分方程的**经典解**, 在本书中也简称为**解**. 除了经典解, 人们还针对不同的偏微分方程拓展了解的范畴, 引入了**弱解**、**广义解**等概念, 这使得数学理论更为完备, 还可以解释经典解无法解释的现象 (如激波现象).

一般而言, 满足偏微分方程的解是不唯一的, 为了确定一个偏微分方程的解, 还需要给出一些定解条件. 偏微分方程与定解条件一起组成**定解问题**. 要求偏微分方程定解问题的解并研究解的性质, 首要的问题是: 定解问题的提法是否合适? 例如, 这个定解问题的解是否一定存在? 在什么函数空间中存在? 这就是解的**存在性**问题. 这个定解问题的解如果存在, 是否唯一? 这就是解的**唯一性**问题. 此外, 还要考虑解的**稳定性**问题 (或称为解对定解条件中出现的函数或者方程的参数或函数的连续依赖性问题), 即当定解条件中出现的函数或方程的参数或函数作微小的变化时, 问题的解是否也作很小的变化? 定解问题的存在性、唯一性和稳定性统称为**定解问题的适定性**.

得到了解的适定性以后, 人们往往还会进一步研究偏微分方程 (定解问题) 解的性质. 例如, 解有多么光滑, 这就是**解的正则性**; 由解定义的某种 "物理量" 是否会在有限时间内趋向于无穷, 这就是**解的爆破**; 解是否随着时间趋于无穷而衰减到 0 或是趋向于某个平衡态, 这就是**解的渐近性态**等.

由于科学研究的自然逻辑演化, 同时受到很多实际问题的驱动, 人们一旦得到了数学物理方程解的适定性 (可称为**正问题**) 以后, 还会继续研究相应的**反问题**. 所谓反问题, 一般是指根据事物的演化结果, 由可观测的现象来探求事物的内部规律, 例如**参数辨识**; 也可指根据事物发展的需要或者目标, 寻求系统参数所满足的条件, 例如**控制问题**等.

除了研究数学物理方程的正问题及反问题相关的数学理论, 根据实际应用的需要, 人们还研究数学物理方程的**数值解法**及**计算方法**.

以上这些内容是数学物理方程, 乃至一般的**偏微分方程的基本研究对象**.

那么, 要如何开展数学物理方程 (偏微分方程) 的研究呢? 著名数学家、教育家李大潜提出, 开展偏微分方程研究, 要把握**三点要领**: 1) 重视物理模型的驱动; 2) 重视常微分方程的驱动; 3) 重视科学计算的驱动.

从实际应用的需求出发, 通过物理规律和数学建模导出偏微分方程模型及其定解问题, 再利用各种数学工具得到偏微分方程正问题和反问题的数学理论. 在具体的场景下, 还会通过数值方法给出原问题的数值模拟, 再与实际问题的数据进行对照, 并将原模型加以检验修正. 经过多次如上循环, 最终形成与实际相符的偏微分方程模型, 进而解决相应的实际问题. 这整个过程就充分体现了关于偏微分方程各个方面的研究在数学应用各个环节中所发挥的重要作用.

本书的主要内容为三类典型的数学物理方程 (调和方程、热方程、波方程) 的物理来源, 定解问题的提法与适定性理论, 以及相应的 (经典) 解的性质, 并介绍这些偏微分方程理论的一些现代应用. 其中, 我们将重点介绍研究偏微分方程的一些重要的思想和方法, 如极值原理、Green (格林) 函数法、分离变量法、Fourier (傅里叶) 变换法、能量积分法等.

为什么选择这三个二阶偏微分方程来讲呢? 因为调和方程、热方程和波方程这三个方程反映了三类不同的物理现象, 最具典型意义, 处理方法上也最具代表性.

为了内容的完整性, 我们在这里简单叙述一下**二阶线性偏微分方程的分类**. 二阶线性偏微分方程的一般形式为

$$\sum_{i,j=1}^{n} a_{ij}\partial_{x_i x_j}u + \sum_{k=1}^{n} b_k \partial_{x_k}u + cu = f, \quad x \in \Omega,$$

其中 a_{ij}, b_k, c, f 是区域 $\Omega \subset \mathbb{R}^n$ 上适当光滑的函数, 且满足 $a_{ij} = a_{ji}$. 对某点 $x_0 \in \Omega$, 作关于 $\lambda \in \mathbb{R}^n$ 的二次型

$$A(\lambda) = \sum_{i,j=1}^{n} a_{ij}(x_0)\lambda_i \lambda_j.$$

若 $A(\lambda)$ 在 x_0 点为正定或负定的, 则称该二阶偏微分方程在 x_0 点为**椭圆型**的; 若 $A(\lambda)$ 在 x_0 点为退化的 (即矩阵 $(a_{ij}(x_0))$ 至少有一个零特征值), 则称该二阶方程在 x_0 点为

抛物型的[①]; 若 $A(\lambda)$ 在 x_0 点非退化, 也不为正定或负定的, 且矩阵 $(a_{ij}(x_0))$ 有 $n-1$ 个同号的特征值, 则称该二阶方程在 x_0 点为**双曲型**的. 若该二阶方程在区域 Ω 中每点处都是椭圆型 (或抛物型, 或双曲型) 的, 则称该方程是**椭圆型** (或**抛物型**, 或**双曲型**) **方程**.

　　容易知道, 调和方程是典型的椭圆型方程, 热方程是典型的抛物型方程, 波方程是典型的双曲型方程. 这三类数学物理方程分别描述了三种不同的物理现象, 因此在定解问题的提法、解的性质及研究方法方面, 三者之间有许多本质的差异. 同时, 这三个数学物理方程又分别反映了各自类型的偏微分方程所具有的一些共性特征, 可以作为相应类型偏微分方程的典型代表.

---

① 二次型 $A(\lambda)$ 退化的情形很复杂, 因此定义抛物型方程时, 往往对方程系数再加上一些其他限制, 以使其与具有 n 个自变量的热方程有许多相似的性质.

第二章

调 和 方 程

本章介绍最典型的椭圆型方程——调和方程和 Poisson 方程. 第一节首先介绍调和方程的典型物理背景, 偏微分方程的定解问题与适定性的概念以及调和方程的三类典型的边值问题的提法. 第二节首先给出调和函数的几个基本性质: 平均值性质, 极值原理, Harnack (哈纳克) 不等式; 然后应用这些基本性质讨论了调和函数的梯度估计, Dirichlet (狄利克雷) 问题解的唯一性和稳定性, 全空间有界调和函数的 Liouville (刘维尔) 定理. 第三节采用一般的办法证明调和函数的弱极值原理和强极值原理, 然后利用极值原理重新证明了梯度估计和 Neumann (诺伊曼) 问题解的唯一性. 第四节首先介绍了基本解的概念, 然后引出 Green 函数的概念. 通过对特殊区域 (球, 半空间等) 求解 Green 函数, 进而求解球上 Poisson 方程的 Dirichlet 问题. 最后介绍了调和函数的奇点可去性以及解析性. 第五节介绍 Laplace 算子的特征值和特征函数相关问题及特征理论. 第六节简要介绍了一般的椭圆型方程及其解的性质.

2.1   方程的物理背景和定解问题

本节主要通过静电场和定常位势流两个物理模型推导出调和方程和 Poisson 方程, 并给出相应的定解问题. 然后, 我们说明利用变分原理也可以得到调和方程.

2.1.1   静电场和定常位势流

首先介绍物理学中的两个例子. 为简单起见, 我们假定所涉及的函数均光滑且平方可积.

例 2.1.1 (静电场的电位势)   在单连通区域 $\Omega \subset \mathbb{R}^3$ 内考察电荷密度为 $\rho(x_1, x_2, x_3)$ 的静电场. 设 $\boldsymbol{E}$ 为电场强度矢量, 则由 Gauss (高斯) 定律和 Coulomb (库仑) 定律可得

$$\text{curl}\, \boldsymbol{E} = 0, \quad \text{div}\, \boldsymbol{E} = \rho. \tag{2.1}$$

(2.1) 中第一个方程表明 $\boldsymbol{E}$ 是无旋场. 由场论知识可知, $\boldsymbol{E}$ 为有势场, 即存在静电位势 $u = u(x_1, x_2, x_3)$ 使得

$$\boldsymbol{E} = -\nabla u.$$

将上式代入 (2.1) 的第二个式子, 我们得到静电位势 u 满足方程

$$-\Delta u = \rho, \tag{2.2}$$

其中 $\Delta = \sum_{i=1}^{n} \dfrac{\partial^2}{\partial x_i^2}$ 称为 **Laplace 算子**, $n = 3$. 特别地, 若在 Ω 内没有电荷存在, 则在 Ω

内, 静电位势 u 满足方程

$$\Delta u = 0. \tag{2.3}$$

例 2.1.2 (定常位势流)　设单连通区域 $\Omega \subset \mathbb{R}^3$ 内流体的速度场 $\boldsymbol{v} = \boldsymbol{v}(x_1, x_2, x_3)$ 只依赖于空间位置 (x_1, x_2, x_3) 而不随时间变化. 若流体是位势流, 则存在势函数 φ 使得 $\boldsymbol{v} = -\nabla\varphi$. 进一步地, 若流体是不可压缩的, 即,

$$\operatorname{div} \boldsymbol{v} = 0,$$

则位势 φ 满足如下的方程

$$\Delta\varphi = 0. \tag{2.4}$$

2.1.2　调和方程和 Poisson 方程

一般地, 在考察区域 $\Omega \subset \mathbb{R}^n$ 上, 我们把形如 (2.3) 和 (2.4) 的偏微分方程

$$\Delta u \equiv \sum_{i=1}^{n} \frac{\partial^2 u}{\partial x_i^2} = 0 \tag{2.5}$$

称为**调和方程**; 把形如 (2.2) 的偏微分方程

$$-\Delta u \equiv -\sum_{i=1}^{n} \frac{\partial^2 u}{\partial x_i^2} = f(x) \tag{2.6}$$

称为 **Poisson 方程**. 我们可以把调和方程看成 Poisson 方程的特例, 即齐次 Poisson 方程.

定义 2.1.1　若在考察区域 $\Omega \subset \mathbb{R}^n$ 内, $u \in C^2$ 且满足调和方程 (2.5), 则称 $u(x)$ 为调和函数.

显然, 调和函数不是唯一的. 例如, 线性函数 $u(x) = a \cdot x + b$ $(a \in \mathbb{R}^n, b \in \mathbb{R}$ 为常数) 都是调和函数.

2.1.3　边值问题

我们知道, 对给定的二阶常微分方程, 需要给定区间两个端点 (即区间的边界) 的值才能确定方程的解. 类似地, 在区域 $\Omega \subset \mathbb{R}^n$ $(n \geqslant 2)$ 上确定方程 (2.5) 和 (2.6) 的解, 我们也在区域边界 $\partial\Omega$ 上给定**边界条件**. 给定了边界条件的方程 (2.5) 和 (2.6) 的定解问题称为**边值问题**. 本章主要讨论三类边值问题, 分别称为第一边值问题, 第二边值问题和第三边值问题. 在本章的讨论中, 如无特殊说明, Ω 总是 $\mathbb{R}^n$ 中足够光滑的有界区域.

(1) **第一边值问题**　Poisson 方程的第一边值问题是指求解 $u \in C^2(\Omega) \cap C(\overline{\Omega})$, 使其满足下述方程:

$$\begin{cases} -\Delta u = f(x), & x \in \Omega, \\ u = g(x), & x \in \partial\Omega, \end{cases} \tag{2.7}$$

其中 $\partial\Omega$ 为光滑闭曲面, $f \in C(\Omega)$, $g \in C(\partial\Omega)$. 第一边值问题也称为 **Dirichlet** 问题.

(2) **第二边值问题** Poisson 方程的第二边值问题是指求解 $u \in C^2(\Omega) \cap C^1(\overline{\Omega})$, 使其满足下述方程:

$$\begin{cases} -\Delta u = f(x), & x \in \Omega, \\ \dfrac{\partial u}{\partial \boldsymbol{n}} = g(x), & x \in \partial\Omega, \end{cases} \tag{2.8}$$

其中 $\boldsymbol{n}$ 表示边界 $\partial\Omega$ 的单位外法向量. 这里 $g(x)$ 在静电场模型中表示电场沿着曲面 $\partial\Omega$ 向外穿出的强度. 而在定常流模型中, g 表示流体沿曲面 $\partial\Omega$ 流出的外法向速度. 第二边值问题也称为 **Neumann** 问题.

(3) **第三边值问题** Poisson 方程的第三边值问题是指求解 $u \in C^2(\Omega) \cap C^1(\overline{\Omega})$, 使其满足下述方程:

$$\begin{cases} -\Delta u = f(x), & x \in \Omega, \\ \dfrac{\partial u}{\partial \boldsymbol{n}} + \sigma u = g(x), & x \in \partial\Omega, \end{cases} \tag{2.9}$$

其中 σ 为给定的正常数. 第三边值问题也称为 **Robin (罗宾) 问题**.

注 2.1.1 方程 (2.9) 中的 $\sigma > 0$ 是必须的, 否则 (2.9) 不一定适定. 例如, $0, x_1, x_2, \cdots, x_n$ 均满足方程

$$\begin{cases} -\Delta u = 0, & x \in B_1, \\ \dfrac{\partial u}{\partial \boldsymbol{n}} - u = 0, & x \in \partial B_1. \end{cases}$$

上述三类边值问题是有界区域上的边值问题. 在实际应用中, 还会经常遇到无界区域上的边值问题. 例如, 实心带电物体在其外部产生的电势, 在礁石外的河流定常流动问题等. 此时, 类似有界区域的方式来定义的边值问题一般是不适定的. 例如, 考虑下述最简单的 Dirichlet 问题:

$$\begin{cases} \Delta u(x) = 0, & x \in H, \\ u = 0, & x \in \partial H. \end{cases} \tag{2.10}$$

我们先取 $H = \mathbb{R}^n \backslash B_1$. 这里及以后, 我们用 $B_R(x)$ 表示球心在 x, 半径为 R 的球. 特别地, 当球心为原点时, 简记为 B_R. 显然, $u \equiv 0$ 是方程 (2.10) 的一个解. 当 $n = 2$ 时, $u(x) = \ln|x|$ 也是 (2.10) 的解且满足 $u(x) \to +\infty$ 当 $|x| \to +\infty$. 当 $n = 3$ 时, $u(x) = 1 - \dfrac{1}{|x|}$ 也是 (2.10) 的解且满足 $u(x) \to 1$ 当 $|x| \to +\infty$. 这是一个有界解. 若取 $H = \{x \in \mathbb{R}^n : x_n > 0\}$, 则 $u = 0$ 仍是方程 (2.10) 的一个解, 而 $u(x) = x_n$ 是 (2.10) 的一个无界解.

从上面的例子可以看到, 无界区域上的边值问题我们还需要解在无穷远的条件, 才能保证定解问题解的唯一性. 无界区域上的边值问题的适定性比较复杂, 下面仅针对无界区域 $\overline{\Omega}^c = \mathbb{R}^n \backslash \overline{\Omega}$ 上 Poisson 方程给出第一、第二类边值问题的提法:

(1) **Dirichlet 外问题**　是指求解 $u \in C^2(\overline{\Omega}^c) \cap C(\Omega^c)$, 使其满足下述方程:

$$\begin{cases} -\Delta u = f(x), & x \in \overline{\Omega}^c, \\ u = g(x), & x \in \partial\Omega, \\ \lim\limits_{|x| \to +\infty} u(x) = 0, & n \geqslant 3, \end{cases} \tag{2.11}$$

其中 $\partial\Omega$ 为光滑闭曲面, $f \in C(\overline{\Omega}^c)$, $g \in C(\partial\Omega)$. 若上述问题定义在 2 维空间中, 我们将条件 $\lim\limits_{|x| \to +\infty} u(x) = 0$ 替换为

$$\sup_{\Omega^c} |u| < +\infty. \tag{2.12}$$

(2) **Neumann 外问题**　是指求解 $u \in C^2(\overline{\Omega}^c) \cap C^1(\Omega^c)$, 使其满足下述方程:

$$\begin{cases} -\Delta u = f(x), & x \in \overline{\Omega}^c, \\ \dfrac{\partial u}{\partial \boldsymbol{n}} = g(x), & x \in \partial\Omega, \\ \lim\limits_{|x| \to +\infty} u(x) = 0, & n \geqslant 3, \end{cases} \tag{2.13}$$

其中 $\boldsymbol{n}$ 表示边界 $\partial\Omega$ 的单位外法向量, $f \in C(\overline{\Omega}^c)$, $g \in C(\partial\Omega)$. 上述问题定义在 2 维空间中, 则仍只要求 u 为 Ω^c 上的有界函数, 即 (2.12) 成立.

2.1.4　变分原理

在物理和力学中有几个关于能量极大或极小的定律, 它们与描述质量、动量等物理量为守恒或平衡的其他物理定律具有同样的重要性. 能量往往可以用积分表示. 这种积分表达式的极值问题称为**变分问题**. 某些物理问题的变分问题也会导出调和方程或 Poisson 方程的定解问题.

我们考察积分

$$E(u) = \frac{1}{2} \int_\Omega |\nabla u|^2 \mathrm{d}x, \tag{2.14}$$

其中 Ω 为 $\mathbb{R}^n$ 中的有界光滑区域. 上述积分在物理学中可表示势能, 例如当 u 表示弹性体的位移时, $E(u)$ 表示弹性体占据区域 Ω 的弹性势能. 根据物理学的一般定律 (最小作用原理 (principle of least action)), 系统总是倾向于向能量最低的状态发展, 这种状态称为**基态**.

现在我们固定边界状态, 考虑上述系统所有的状态

$$U = \{u \in C^2(\Omega) \cap C^1(\overline{\Omega}) : \quad u|_{\partial\Omega} = g(x)\}, \tag{2.15}$$

其中 g 为给定的某个连续函数. 根据上述的讨论, 若 u 为基态, 则 $u \in U$ 且满足

$$E(u) = \inf_{v \in U} E(v). \tag{2.16}$$

下面我们说明变分问题 (2.16) 和调和方程的 Dirichlet 问题有关.

定理 2.1.1 (Dirichlet 原理)　若满足 (2.16) 的基态 $u \in U$ 存在, 则它必满足方程 (2.17)

$$\begin{cases} \Delta u = 0, & x \in \Omega, \\ u = g, & x \in \partial\Omega. \end{cases} \tag{2.17}$$

反之, 若 $u \in U$ 为方程 (2.17) 的解, 则 u 必为变分问题 (2.16) 的解.

证明　定义 U_0 为

$$U_0 = \{u \in C^2(\Omega) \cap C^1(\overline{\Omega}) : \quad u|_{\partial\Omega} = 0\}. \tag{2.18}$$

若 u 为变分问题 (2.16) 的解, 任取 $w \in U_0$, 令 $v = u + \varepsilon w$, 其中 ε 为任意实数. 显然有 $v \in U$ 且满足

$$E(v) = E(u + \varepsilon w) = \frac{1}{2} \int_\Omega |\nabla(u + \varepsilon w)|^2 \mathrm{d}x$$

$$= E(u) + \varepsilon \int_\Omega \nabla u \cdot \nabla w \mathrm{d}x + \frac{\varepsilon^2}{2} \int_\Omega |\nabla w|^2 \mathrm{d}x.$$

由 (2.16) 可知, $E(u + \varepsilon w)$ 在 $\varepsilon = 0$ 处取到极小值, 则有

$$\frac{\mathrm{d}}{\mathrm{d}\varepsilon} E(u + \varepsilon w)|_{\varepsilon=0} = 0,$$

即

$$\int_\Omega \nabla u \cdot \nabla w \mathrm{d}x = 0. \tag{2.19}$$

利用 Green 公式,

$$\int_\Omega \nabla u \cdot \nabla w \mathrm{d}x = \int_\Omega \nabla \cdot (w \nabla u) - w \Delta u \mathrm{d}x$$

$$= \int_{\partial\Omega} w \frac{\partial u}{\partial \boldsymbol{n}} \mathrm{d}s - \int_\Omega w \Delta u \mathrm{d}x.$$

由于 $w \in U_0, w|_{\partial\Omega} = 0$, 上式右端第一项为 0, 从而得到对任意给定的 $w \in U_0$, 成立

$$\int_\Omega w \Delta u \mathrm{d}x = 0. \tag{2.20}$$

由此可知, Δu 在 Ω 中必为 0. 事实上, 若 Δu 在 Ω 中某点 x^0 处不为 0, 不失一般性, 设 $x^0 = 0$ 且 $\Delta u(0) > 0$, 则由 Δu 的连续性知, 存在 $r > 0$, 使得 $\Delta u > 0, \forall x \in B_r(0) \subset\subset \Omega$ ($A \subset\subset B$: 集合 A 的闭包包含于集合 B). 令

$$w = \begin{cases} (r^2 - |x|^2)^3, & x \in B_r(0), \\ 0, & x \in \Omega \backslash B_r(0), \end{cases}$$

则 $w \in U_0$, 且

$$\int_\Omega w \Delta u \mathrm{d}x > 0.$$

这与 (2.20) 矛盾. 这就证明了 u 为调和函数. 而 $u \in U$, 这就证明了 u 为 (2.17) 的解.

反之, 若 $u \in U$ 为调和方程 (2.17) 的解, 则对任意 $w \in U_0$ 成立,

$$\int_\Omega w \Delta u \mathrm{d}x = 0.$$

利用 Green 公式, 上式化为

$$\int_\Omega \nabla w \cdot \nabla u \mathrm{d}x = 0. \tag{2.21}$$

任取 $v \in U$, 令 $w = v - u$, 则 $w \in U_0$, 且

$$E(v) = E(u + w) = E(u) + \int_\Omega \nabla u \cdot \nabla w \mathrm{d}x + \frac{1}{2} \int_\Omega |\nabla w|^2 \mathrm{d}x.$$

由 (2.21), 可知

$$E(v) = E(u) + \frac{1}{2} \int_\Omega |\nabla w|^2 \mathrm{d}x.$$

注意到 $w \in U$, 我们有

$$E(v) \geqslant E(u),$$

等号成立当且仅当 $w \equiv 0$. 这就证明了 u 满足 (2.16). $\qquad\square$

变分原理提供了研究偏微分方程边值问题的一个新观点. 但是, 定理 2.1.1 本身并没有说明 $E(v)$ 是否存在达到下确界的元素, 更没有说明下确界是否在 U 中可达. 因此, 要用变分法研究 Dirichlet 问题 (2.17), 尚有一些基础工作要做. 随着近代数学理论的发展, 泛函 (2.14) 在哪种函数类中确实存在极小值等问题都得到了严格论证, 从而确立了变分原理在偏微分方程研究中的重要作用.

习题 2.1

1. 验证 Laplace 算子 Δ 在 2 维极坐标 (r, θ) 以及 3 维球坐标 (r, θ, φ) 下的形式分别为

$$\Delta u = \frac{1}{r} \frac{\partial}{\partial r} \left(r \frac{\partial u}{\partial r} \right) + \frac{1}{r^2} \frac{\partial^2 u}{\partial \theta^2},$$

$$\Delta u = \frac{1}{r^2} \frac{\partial}{\partial r} \left(r^2 \frac{\partial u}{\partial r} \right) + \frac{1}{r^2 \sin \theta} \frac{\partial}{\partial \theta} \left(\sin \theta \frac{\partial u}{\partial \theta} \right) + \frac{1}{r^2 \sin^2 \theta} \frac{\partial^2 u}{\partial \varphi^2}.$$

2. 验证 Laplace 算子在 3 维柱坐标 (r, θ, z) 下的形式为

$$\Delta u = \frac{1}{r} \frac{\partial}{\partial r} \left(r \frac{\partial u}{\partial r} \right) + \frac{1}{r^2} \frac{\partial^2 u}{\partial \theta^2} + \frac{\partial^2 u}{\partial z^2}.$$

3. 验证下述函数是否是调和函数:

(1) $x_1^2 - x_2^2$, $x_1 x_2 \cdots x_n$;

(2) $\mathrm{e}^{x_1}(x_1^2 - x_2^2) - 2x_1 x_2 \mathrm{e}^{x_2}$.

4. 设 $f(z) = u(z) + \mathrm{i}v(z)$, $z \in \mathbb{C}$ 为全纯函数. 记 $z = x + \mathrm{i}y$, $x, y \in \mathbb{R}$, 证明 u, v 为关于 x, y 的调和函数.

5. 设 $u \in C^\infty$ 为 $\mathbb{R}^n$ 上的调和函数, 试说明:

(1) u 的任意阶偏导数也是 $\mathbb{R}^n$ 上的调和函数;

(2) $v(y) = u(\lambda y)$ 为 $\mathbb{R}^n$ 上的调和函数, 其中 $\lambda \in \mathbb{R}$;

(3) $v(y) = u(Ay)$ 为 $\mathbb{R}^n$ 上的调和函数, 其中 A 为 $n \times n$ 的正交矩阵.

6. 试举例说明对于 $n \geqslant 3$, 若没有无穷远处对解的约束条件 $\lim\limits_{|x| \to \infty} u = 0$, n 维调和方程的 Neumann 外问题的解在相差一个常数意义下仍可能不唯一, 即存在非常数的 Neumann 外问题的解.

*7. 试举例说明对于二维调和方程, 若没有无穷远处解有界的约束条件 (2.12), Neumann 外问题的解在相差一个常数意义下仍可能不唯一.

8. 设 Ω 为 $\mathbb{R}^n$ 中的光滑有界区域,

$$J(u) = \int_\Omega \left(\frac{1}{2} |\nabla u|^2 - fu \right) \mathrm{d}x + \int_{\partial \Omega} \left(\frac{1}{2} \sigma u^2 - gu \right) \mathrm{d}S,$$

其中 $f \in C(\overline{\Omega})$, $g \in C(\partial \Omega)$, σ 为正常数. 变分问题的提法为: 求 $u \in U$ 使得

$$J(u) = \inf_{v \in U} J(v),$$

其中 $U = C^2(\Omega) \cap C^1(\overline{\Omega})$. 试导出与此变分问题等价的边值问题, 并证明两者的等价性.

*9. 设 $u \in C^\infty$ 为 $\mathbb{R}^n$ 上的调和函数, 证明 u 的 **Kelvin (开尔文) 变换**

$$v(y) = \frac{1}{|y|^{n-2}} u \left(\frac{y}{|y|^2} \right)$$

为 $\mathbb{R}^n \backslash \{0\}$ 上的调和函数.

2.2　调和函数的基本性质与应用

前一节我们引入了调和方程和 Poisson 方程并讨论了相应的定解条件. 同时在前一节我们还引入了调和函数的概念. 本节主要介绍调和函数的基本性质 (平均值性质、极值原理、Harnack 不等式), 并给出这些性质的几个应用.

2.2.1　调和函数的基本性质

我们首先看两个简单的调和函数的例子.

例 2.2.1　$f(x_1, x_2) = x_2$, $(x_1, x_2) \in \mathbb{R}^2$. 显然 f 为 $\mathbb{R}^2$ 上的调和函数. 如图 2.1, 任取圆盘 $B_r(y) \subset \mathbb{R}^2$, 并记 $y = (y_1, y_2)$.

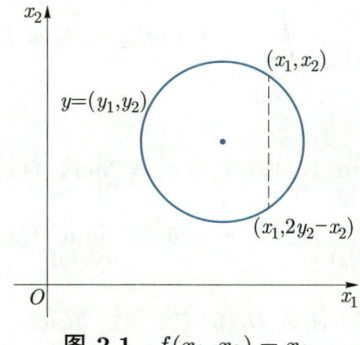

图 2.1　$f(x_1, x_2) = x_2$

则 f 满足

$$f(x_1, x_2) + f(x_1, 2y_2 - x_2) = 2y_2 = 2f(y_1, y_2).$$

由此可知

$$\frac{1}{|\partial B_r(y)|} \int_{\partial B_r(y)} f(x)\mathrm{d}S_x = y_2 = f(y).$$

而 f 在圆盘 $B_r(y)$ 的最大值, 最小值显然在边界 $\partial B_r(y)$ 上取到. 此外, 若 $B_r(y) \subset\subset \mathbb{R}^2_+ = \{(y_1, y_2) \in \mathbb{R}^2 : y_2 > 0\}$, 我们有 $y_2 > r > 0$. 此时有

$$\sup_{B_{\frac{r}{2}}(y)} f(x) \leqslant y_2 + \frac{r}{2} \leqslant \frac{3}{2} y_2,$$

$$\inf_{B_{\frac{r}{2}}(y)} f(x) \geqslant y_2 - \frac{r}{2} \geqslant \frac{1}{2} y_2 > 0.$$

故

$$\frac{\displaystyle\sup_{B_{\frac{r}{2}}(y)} f(x)}{\displaystyle\inf_{B_{\frac{r}{2}}(y)} f(x)} \leqslant 3.$$

注意: 只要 $B_r(y) \subset\subset \mathbb{R}^2_+$, 该估计式右端常数不依赖于圆心 y 的位置和半径 r 的选取.

例 2.2.2   平面上 $f(r,\theta) = \theta$, $r > 0$, $\theta \in (0,\pi)$, 由 Laplace 算子的极坐标形式 (见习题 2.1 第 1 题), 可知 f 是上半平面 $\mathbb{R}^2_+ = \{(r,\theta) : r > 0, \theta \in (0,\pi)\}$ 上的正调和函数. 如图 2.2, 任取 $B_r(y) \subset\subset \mathbb{R}^2_+$, 并记 $y = (r_0, \theta_0)$.

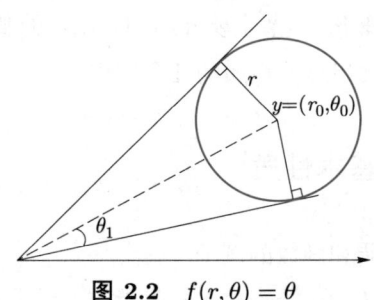

图 2.2 $f(r,\theta) = \theta$

注意到函数 f 的取值和 $\partial B_r(y)$ 关于射线 $\theta = \theta_0$ 是镜像对称的, 可以证明

$$\frac{1}{|\partial B_r(y)|} \int_{\partial B_r(y)} f(x)\mathrm{d}S_x = \theta_0 = f(y).$$

另外, 下式显然成立:

$$\sup_{B_r(y)} f(x) = \theta_0 + \theta_1 = \max_{\partial B_r(y)} f(x),$$

$$\inf_{B_r(y)} f(x) = \theta_0 - \theta_1 = \min_{\partial B_r(y)} f(x),$$

其中 $\theta_1 = \arcsin \dfrac{r}{r_0}$. 此外, 对于任意 $B_r(y) \subset\subset \mathbb{R}^2_+$, 成立

$$\frac{\sup\limits_{B_{\frac{r}{2}}(y)} f}{\inf\limits_{B_{\frac{r}{2}}(y)} f} = \frac{\theta_0 + \theta_2}{\theta_0 - \theta_2},$$

其中 $\theta_2 = \arcsin \dfrac{r}{2r_0}$. 由于 $B_r(y) \subset\subset \mathbb{R}^2_+$,

$$\frac{r}{r_0} < \arcsin \frac{r}{r_0} < \theta_0.$$

因此,

$$\frac{2}{\pi}\theta_2 \leqslant \sin\theta_2 = \frac{r}{2r_0} \leqslant \frac{1}{2}\arcsin\frac{r}{r_0} \leqslant \frac{1}{2}\theta_0.$$

从而

$$\frac{\sup\limits_{B_{\frac{r}{2}}(y)} f}{\inf\limits_{B_{\frac{r}{2}}(y)} f} = \frac{1 + \dfrac{\theta_2}{\theta_0}}{1 - \dfrac{\theta_2}{\theta_0}} \leqslant \frac{1 + \dfrac{\pi}{4}}{1 - \dfrac{\pi}{4}}.$$

这个估计式右端的常数, 不依赖于 $B_r(y)$ 的圆心 y 和半径 r 的选取.

例 2.2.3 $f(x) = \dfrac{1}{|x|}$ 在 $\mathbb{R}^3 \backslash \{0\}$ 中调和. 如图 2.3, 令 $B_r(x_0) \subset \mathbb{R}^3 \backslash \{0\}$ 及 $a = |x_0|$.
记 θ 为向量 $\overrightarrow{x_0 x}$ 和 $\overrightarrow{x_0 O}$ 之间的夹角, 其中 $x \in S_r(x_0)$.

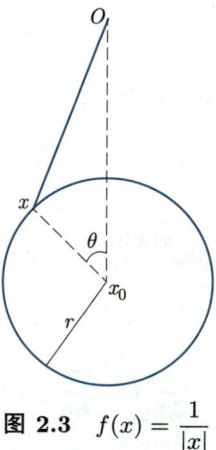

图 2.3 $f(x) = \dfrac{1}{|x|}$

由余弦定理得 $|x| = \sqrt{a^2 + r^2 - 2ar\cos\theta}$. 因此

$$
\begin{aligned}
\int_{S_r(x_0)} \frac{1}{|x|} \mathrm{d}\sigma &= \int_0^{2\pi} \int_0^{\pi} \frac{r^2 \sin\theta}{\sqrt{a^2 + r^2 - 2ar\cos\theta}} \mathrm{d}\theta \mathrm{d}\varphi \\
&= \frac{2\pi r}{2a} \int_0^{\pi} \frac{\mathrm{d}(a^2 + r^2 - 2ar\cos\theta)}{\sqrt{a^2 + r^2 - 2ar\cos\theta}} \\
&= \frac{2\pi r}{a} \sqrt{a^2 + r^2 - 2ar\cos\theta} \Big|_0^{\pi} = \frac{4\pi r^2}{a},
\end{aligned}
$$

i.e. $\dfrac{1}{|S_r(x_0)|} \displaystyle\int_{S_r(x_0)} \dfrac{1}{|x|} \mathrm{d}\sigma = \dfrac{1}{a} = \dfrac{1}{|x_0|}$. 由于

$$
\sup_{B_r(x_0)} f = \frac{1}{|x_0| - r}, \quad \inf_{B_r(x_0)} f = \frac{1}{|x_0| + r},
$$

因此当 $|x_0| \geqslant 2r$ 时,

$$
\frac{\displaystyle\sup_{B_r(x_0)} f}{\displaystyle\inf_{B_r(x_0)} f} \leqslant 3.
$$

实际上, 上面三个例子所呈现出的性质对一般的调和函数也是成立的:

1. 平均值性质

定理 2.2.1 令 $u(x) \in C^2(\Omega)$ 是 $\mathbb{R}^n$ 中区域 Ω 上的调和函数, $B_r(x^0) \subset\subset \Omega$,
则成立

$$
u(x^0) = \frac{1}{|\partial B_r(x^0)|} \int_{\partial B_r(x^0)} u(x) \mathrm{d}S_x. \tag{2.22}
$$

证明 我们只对 $n = 2$ 给出证明, 其余维数情形的证明是类似的. 不失一般性, 不妨
设 $x^0 = 0$, 并记 $B_r(0)$ 为 B_r. 由于 $u(x)$ 为调和函数, 利用 Green 公式, 我们知道

$$0 = \int_{B_r} \Delta u(x) \mathrm{d}x = \int_{\partial B_r} \frac{\partial u}{\partial \boldsymbol{n}} \mathrm{d}s = \int_{\partial B_r} \frac{\partial u}{\partial r}(r, \theta) \mathrm{d}s \qquad (2.23)$$

其中 $\boldsymbol{n}$ 表示 ∂B_r 的单位外法向量, (r, θ) 为极坐标形式. 注意到 $\mathrm{d}s = r\mathrm{d}\theta$, 代入 (2.23), 我们知道

$$0 = r \int_0^{2\pi} \frac{\partial u}{\partial r}(r, \theta) \mathrm{d}\theta, \quad \forall r > 0 \text{ s.t. } B_r \subset\subset \Omega. \qquad (2.24)$$

我们重新记 (2.22) 的右端为

$$\overline{u}(r) = \frac{1}{2\pi r} \int_{\partial B_r} u(x) \mathrm{d}S_x = \frac{1}{2\pi} \int_0^{2\pi} u(r, \theta) \mathrm{d}\theta.$$

则由 (2.24) 知对任意的 $r > 0$ 使得 $B_r \subset\subset \Omega$, 我们有

$$\frac{\mathrm{d}\overline{u}(r)}{\mathrm{d}r} = \frac{1}{2\pi} \int_0^{2\pi} \frac{\partial u}{\partial r}(r, \theta) \mathrm{d}\theta = 0,$$

再由 u 的连续性知,

$$\overline{u}(r) = \lim_{r \to 0} \overline{u}(r) = u(0). \qquad \square$$

注 2.2.1 调和函数的平均值性质的另一种写法为 (证明留作本节习题第 2 题):

$$u(x^0) = \frac{1}{|B_r(x^0)|} \int_{B_r(x^0)} u(x) \mathrm{d}x. \qquad (2.25)$$

2. 极值原理

定理 2.2.2 若 $u(x) \in C^2(\Omega) \cap C(\overline{\Omega})$ 为 $\mathbb{R}^n$ 中的区域 Ω 上的调和函数, 则成立

$$\max_{\overline{\Omega}} u(x) = \max_{\partial\Omega} u(x), \quad \min_{\overline{\Omega}} u(x) = \min_{\partial\Omega} u(x). \qquad (2.26)$$

并且, 若 u 在 Ω 内达到其在 $\overline{\Omega}$ 上的最大值或最小值, 则 u 在 Ω 上恒为常值.

证明 我们用反证法证明上述结论. 为了书写方便, 我们在 $n = 3$ 的情形下给出证明, 且只证明最大值的情形. 不失一般性, 不妨设 $u(0) = \max_{\overline{\Omega}} u(x) > \max_{\partial\Omega} u(x), 0 \in \Omega$. 下面我们说明 $u(x) \equiv u(0)$.

首先 $\forall y \in B_r \subset\subset \Omega, r > 0$, 成立 $u(y) = u(0)$. 事实上, 若存在 $y^0 \in B_r$ 使得 $u(y^0) < u(0)$, 则由函数的连续性, 存在 $r_0 > 0$ 使得

$$u(y) < u(0), \quad \forall y \in B_{r_0}(y^0).$$

则由三维情形下的平均值性质,

$$u(0) = \frac{1}{4\pi|y^0|^2} \int_{\partial B_{|y^0|}} u(y) \mathrm{d}S$$

$$= \frac{1}{4\pi|y^0|^2} \left(\int_{\partial B_{|y^0|} \cap B_{r_0}(y^0)} u(y) \mathrm{d}S + \int_{\partial B_{|y^0|} \cap B_{r_0}^c(y^0)} u(y) \mathrm{d}S \right)$$

$$< u(0). \qquad (2.27)$$

这就得到了矛盾.

设 $z^0 \in \Omega$ 且 $z^0 \neq 0$. 由 Ω 的连通性, 存在一条光滑闭曲线 Γ, $\gamma(t) : [0, 1] \to \Omega$, $\gamma(0) = 0$, $\gamma(1) = z^0$. 考虑曲线 Γ 的一簇开覆盖 $\{B_{r_1}(\gamma(t))\}_{t \in [0,1]}$, 其中 $r_1 > 0$ 满足

$$r_1 = \frac{1}{4} \mathrm{dist}(\Gamma, \partial\Omega) > 0.$$

若 Γ 为紧集, 则存在有限子覆盖 (如图 2.4)

$$\{B_{r_1}(\gamma(t_i))\}_{i=0}^{N}, \quad 0 = t_0 < t_1 < \cdots < t_N = 1.$$

由第一步可知 $u(y) = u(0)$, $\forall y \in B_{4r_1}(0)$. 若 $B_{r_1}(\gamma(t_i)) \cap B_{r_1}(0) \neq \varnothing$, 则有 $B_{r_1}(\gamma(t_i)) \subset\subset B_{4r_1}(0)$, 从而可知 $u(y) = u(0)$, $\forall y \in B_{r_1}(\gamma(t_i))$. 重复上述过程, 利用有限子覆盖, 我们就得到了 $u(z^0) = u(0)$.

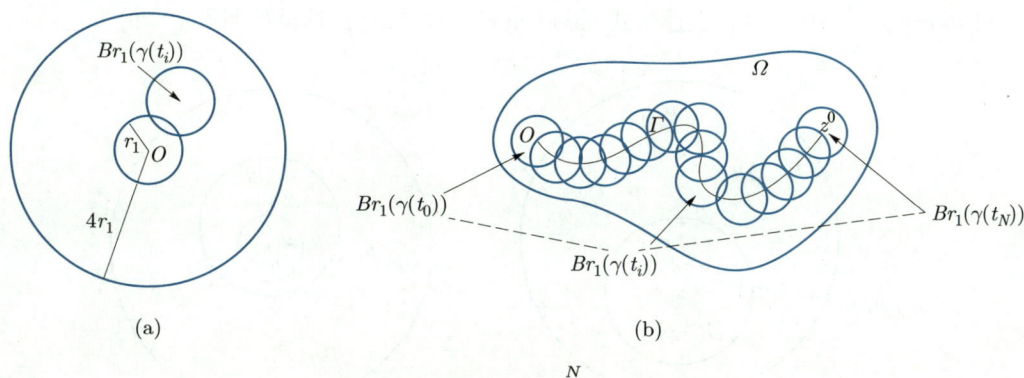

(a)　　　　　　　　　　　　　　　(b)

图 2.4　紧集 $\Gamma \subset\subset \bigcup\limits_{i=0}^{N} B_{r_1}(\gamma(t_i))$

由上述讨论以及 $u \in C(\overline{\Omega})$ 知, $u(x) \equiv u(0)$, 这与我们的反证假设矛盾. □

注 2.2.2　满足极值原理的调和函数最直观的例子是线性函数 $a \cdot x + b$, $a \in \mathbb{R}^n$, $b \in \mathbb{R}$, 若它的最大值或者最小值在 Ω 内部取到, 则它在 Ω 上恒为常数.

3. Harnack 不等式

定理 2.2.3　若 $u(x) \in C^2(\Omega)$ 为 $\mathbb{R}^n$ 中区域 Ω 上的非负调和函数, 则对任意的区域 $\Omega' \subset\subset \Omega$, 存在常数 $C = C(\Omega, \Omega') > 0$ 使得

$$\frac{1}{C} u(y) \leqslant u(x) \leqslant C u(y), \quad \forall x, y \in \overline{\Omega'}. \tag{2.28}$$

证明　令 $R = \frac{1}{8} \mathrm{dist}(\Omega', \partial\Omega) > 0$. 则只需要证明存在 $C(n) > 0$ 使得

$$\frac{1}{C(n)} u(y) \leqslant u(x) \leqslant C(n) u(y), \quad \forall x, y \in B_R(x^0), \quad \forall x^0 \in \Omega'. \tag{2.29}$$

若 (2.29) 成立, 由于 $\overline{\Omega}'$ 为紧集, 我们可取有限开覆盖 $B_R(x^i)$, $i = 1, 2, \cdots, N$ 使得 $\overline{\Omega}' \subset \bigcup\limits_{i=1}^{N} B_R(x^i)$. 此时我们取 $C(\Omega, \Omega') = C(n)^N$ 即满足 (2.28).

下面我们证明 (2.29) 成立. 如图 2.5(a), $\forall x \in B_R(x^0)$, $B_R(x^0) \subset B_{2R}(x)$, 利用球体上的平均值公式 (2.25), 我们有

$$
\begin{aligned}
u(x) &= \frac{1}{|B_{2R}(x)|} \int_{B_{2R}(x)} u(z)\mathrm{d}z \\
&\geqslant 2^{-n} \frac{1}{|B_R(x^0)|} \int_{B_R(x^0)} u(z)\mathrm{d}z \\
&= \frac{1}{2^n} u(x^0), \quad \forall x \in B_R(x^0).
\end{aligned}
$$

类似地, 如图 2.5(b), $\forall y \in B_R(x^0)$, $B_{2R}(y) \subset B_{4R}(x^0)$, 再次利用球体上的平均值性质, 可知 $u(x^0) \geqslant \dfrac{1}{2^n} u(y)$. 结合上述两式, 得到 $u(x) \geqslant 4^{-n} u(y)$. 这就证明了 (2.29). $\square$

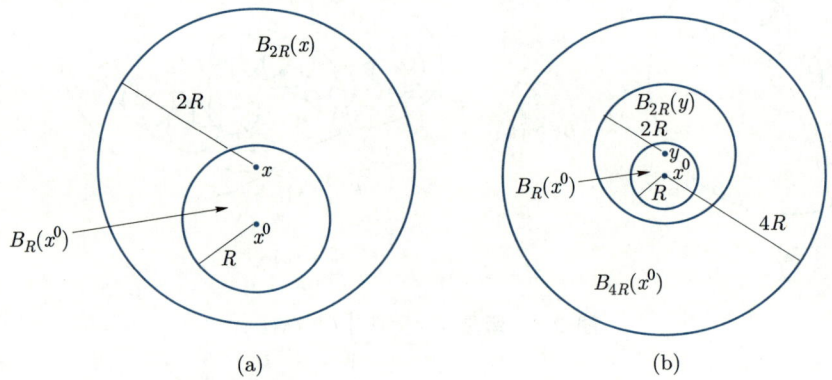

图 2.5 $B_R(x^0) \subset B_{2R}(x)$ 和 $B_{2R}(y) \subset B_{4R}(x^0)$

注 2.2.3 在 Harnack 不等式的证明过程中, 我们可以看到若 u 为 $B_{4R}(x^0)$ 上的非负调和函数, 则成立

$$
\frac{1}{C(n)} u(y) \leqslant u(x) \leqslant C(n) u(y), \quad \forall x, y \in B_R(x^0), \tag{2.30}
$$

其中 $C(n)$ 为只依赖于空间维数的常数, 不依赖于球心 x^0 的位置及 R 的大小.

2.2.2 基本性质的应用

基于上述调和函数的基本性质, 我们给出一些应用.

1. 调和函数的梯度估计

定理 2.2.4 若 $u \in C^3(B_R) \cap C^1(\overline{B}_R)$ 为球 B_R 上的非负调和函数, 则成立 $|\nabla u(0)| \leqslant$

$\dfrac{n}{R}u(0).$

证明 直接计算可得 $\partial_{x_i}u$ 也是调和函数, $i=1,2,\cdots,n$. 由习题 2.1 的第 5 题的 (3) 知调和函数在坐标旋转下依然是调和函数, 因此我们可以旋转坐标系使得 $\partial_{x_1}u(0)=|\nabla u(0)|$, $\partial_{x_i}u(0)=0$, $i=2,3,\cdots,n$. 对 $\partial_{x_1}u$ 应用调和函数的平均值性质得,

$$\partial_{x_1}u(0)=\frac{1}{|B_R|}\int_{B_R}\partial_{x_1}u\mathrm{d}x=\frac{1}{|B_R|}\int_{\partial B_R}un_1\mathrm{d}S,$$

其中 n_1 表示球面上单位外法向量 $\boldsymbol{n}$ 的第一个坐标分量. 注意到 u 为非负函数, 我们有

$$\left|\int_{\partial B_R}un_1\mathrm{d}S\right|\leqslant\int_{\partial B_R}u\mathrm{d}S=|\partial B_R|u(0).$$

这里我们再次应用了平均值性质 (2.25). 结合上述两个式子, 我们得

$$|\partial_{x_1}u(0)|\leqslant\frac{|\partial B_R|}{|B_R|}u(0)=\frac{n}{R}u(0).$$

定理证毕. $\qquad\square$

注 2.2.4 对于非负调和函数, 梯度估计可以很简单地利用平均值性质证明. 这种方法具有特殊性, 不便于推广到一般的椭圆型方程情形. 在后面的章节里, 我们会利用 Bochner (博赫纳) 技巧给出调和函数的一个新的梯度估计, 且不要求调和函数的非负性.

2. Dirichlet 问题解的唯一性和稳定性

定理 2.2.5 方程 (2.7) 的解 $u\in C^2(\Omega)\cap C(\overline{\Omega})$ 若存在, 则必是唯一的, 并且连续地依赖于所给的边界值 g.

证明 若方程 (2.7) 有两个不同的解 u_1,u_2, 则由简单计算可得 $w=u_1-u_2$ 满足

$$\begin{cases}\Delta w=0, & x\in\Omega,\\ w=0, & x\in\partial\Omega.\end{cases}$$

则由定理 2.2.2 (极值原理), 我们知 $w\equiv 0$. 这就证明了解的唯一性.

任取 $\varepsilon>0$, 设 u,u^* 分别为 (2.7) 的关于边界条件 g,g^* 的两个解, 其中 g,g^* 满足

$$\max_{\partial\Omega}|g-g^*|\leqslant\varepsilon.$$

令 $v=u-u^*$, 则 v 满足

$$\begin{cases}\Delta v=0, & x\in\Omega,\\ v=g-g^*, & x\in\partial\Omega.\end{cases}$$

由定理 2.2.2, 可知,

$$\max_{\Omega}|u-u^*|=\max_{\Omega}|v|=\max_{\partial\Omega}|g-g^*|\leqslant\varepsilon.$$

这就证明了解的稳定性. □

类似地, 我们也可以研究 Dirichlet 外问题解的唯一性和稳定性.

定理 2.2.6 Dirichlet 外问题 (2.11) 的解若存在, 则必是唯一的.

证明 设 (2.11) 有两个不同的解 u_1, u_2, 则简单计算可得 $w = u_1 - u_2$ 满足

$$\begin{cases} \Delta w = 0, & x \in \overline{\Omega}^c, \\ w = 0, & x \in \partial\Omega, \\ \lim\limits_{|x| \to +\infty} w(x) = 0. \end{cases}$$

若 w 不恒为 0, 则存在点 $x^0 \in \overline{\Omega}^c$ 使得 $w(x^0) \neq 0$, 不妨设 $w(x^0) > 0$. 考虑球 B_R, 当 R 足够大时, 我们有 $x^0 \in B_R \backslash \overline{\Omega}$. 而由条件 $\lim\limits_{|x| \to +\infty} w(x) = 0$ 可知当 R 足够大时, $w|_{\partial B_R} < w(x^0)$. 又由边界条件, $w|_{\partial\Omega} = 0 < w(x^0)$. 这就说明调和函数 w 不在边界 $\partial(B_R \backslash \overline{\Omega})$ 上达到最大值, 这和定理 2.2.2 矛盾, 因此 $w \equiv 0$. 这就证明了 Dirichlet 外问题的解的唯一性. □

同样可以证明 Dirichlet 外问题 (2.11) 的稳定性 (作为习题).

注 2.2.5 在学习了 2.3 节有关极值原理的内容之后, 我们可以证明 Poisson 方程 Dirichlet (外) 问题的解对右端项 f 也是连续依赖的.

3. Liouville 定理

定理 2.2.7 若 $u(x)$ 为 $\mathbb{R}^n$ 上的下有界的调和函数, 则 u 恒为常数.

证明 不妨设 $u(x) \geq 0$ 是非负的调和函数. 下面我们采用两种方式证明.

利用平均值公式证明.

$\forall x \in \mathbb{R}^n$, 利用图 2.6 中的积分区域示意图, 由平均值公式知

$$\begin{aligned} |u(x) - u(0)| &= \frac{1}{\omega_n r^n} \left| \int_{B_r(x)} u(y)\mathrm{d}y - \int_{B_r(0)} u(y)\mathrm{d}y \right| \\ &\leq \frac{1}{\omega_n r^n} \int_{B_{r+|x|}(0) \backslash B_{r-|x|}(0)} u(y)\mathrm{d}y \\ &= \frac{1}{\omega_n r^n} \left| B_{r+|x|}(0) \backslash B_{r-|x|}(0) \right| u(0) \\ &\leq \frac{C}{r} \to 0, \quad r \to +\infty. \end{aligned} \tag{2.31}$$

这就证明了 u 为常数.

利用 Harnack 不等式证明.

记

$$C_0 = \inf_{\mathbb{R}^n} u(x), \quad v = u - C_0,$$

则知 $v \geq 0$ 为 $\mathbb{R}^n$ 上的调和函数. 任意取定 $x \in \mathbb{R}^n$, 下面说明 $v(x) = 0$.

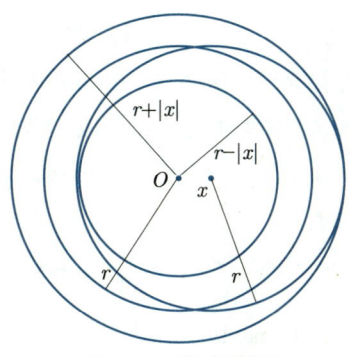

图 2.6　积分区域

由下确界的定义可知, 存在 $x^k \in \mathbb{R}^n$, 使得 $0 \leqslant v(x^k) \leqslant \frac{1}{k}$, $k = 1, 2, \cdots$. 令 $r_k = |x - x^k|$, 则有 $x \in B_{2r_k}(x^k)$, 且 u 在球 $B_{8r_k}(x^k)$ 上调和. 由注 2.2.3 知, 存在与 x, x^k 无关的正常数 $C(n)$, 使得

$$v(x) \leqslant C(n)v(x^k) \leqslant \frac{C(n)}{k}.$$

令 $k \to +\infty$, 上式推出 $v(x) = 0$. 由于 x 的任意性, 可知 $v \equiv 0$, 即 u 恒为常数. □

推论 2.2.1　若 $u(x)$ 为 $\mathbb{R}^n$ 上的 (上) 有界的调和函数, 则 u 恒为常数.

习题 2.2

1. 对 $n \geqslant 3$ 的情形, 给出定理 2.2.1 的证明.

2. 证明 (2.25) 对调和函数成立.

3. 若函数 $u \in C^2(\Omega)$ 满足 $\Delta u \geqslant 0$, 则称 u 为下调和函数; 若 $\Delta u \leqslant 0$, 则称 u 为上调和函数. 证明如下结论: 若 u 为下调和函数 (上调和函数), 则 $\forall B_r(x^0) \subset\subset \Omega$,

$$u(x^0) \leqslant (\geqslant) \frac{1}{|\partial B_r(x^0)|} \int_{\partial B_r(x^0)} u(x)\mathrm{d}S_x.$$

4. 利用上题 3 的结论证明, 若 $u \in C^2(\Omega) \cap C(\overline{\Omega})$ 且为下调和函数, 则成立

$$\max_{\overline{\Omega}} u = \max_{\partial \Omega} u,$$

且若最大值在 Ω 中取到, 则 u 为常数. 类似结论对上调和函数也成立.

5. 利用 Harnack 不等式证明调和函数 u 在区域内部取到最大值或者最小值, 则 u 恒为常数.

6. 证明: 设 u 为 $\mathbb{R}^n$ 上的调和函数, 且存在 $1 \leqslant p < +\infty$, 使得

$$\|u\|_{L^p(\mathbb{R}^n)} < +\infty,$$

则 $u \equiv 0$.

7. 证明 n ($n \geqslant 3$) 维调和方程的 Dirichlet 外问题 (2.11) 的稳定性.

8. 证明对任意的无界区域 $\Omega \neq \mathbb{R}^n$ ($n \geqslant 3$), Liouville 定理的结论都不成立.

9. 利用梯度估计 (定理 2.2.4) 重新证明 Liouville 定理.

*10. 设 u 为带状区域 $\Sigma = \{(x_1, x_2) : |x_1| \leqslant 1, \ -\infty < x_2 < +\infty\}$ 上的非负调和函数, 证明:

$$u(x) \leqslant Cu(0)\mathrm{e}^{C|x_2|}, \quad \forall |x_1| \leqslant \frac{1}{4}, \quad -\infty < x_2 < +\infty,$$

其中常数 C 不依赖于 u. (提示: Harnack 不等式)

*11. 设 $u \in C^2(\overline{\mathbb{R}^n_+})$ 为 $\overline{\mathbb{R}^n_+} = \{(x_1, x_2, \cdots, x_n) \in \mathbb{R}^n : x_n \geqslant 0\}$ 上的调和函数. 若满足 $u(x_1, \cdots, x_{n-1}, 0) = 0$ 且 $u(x)$ 为有界函数, 证明 $u \equiv 0$. (提示: 延拓为全空间调和函数.) 若把 u 改为下有界函数, 试举出例子使得结论不成立.

*12. 若 u 为 $\mathbb{R}^n$ 上的调和函数. 设 $0 < a \leqslant b \leqslant c$ 满足 $b^2 = ac$, 证明

$$\int_{S^{n-1}} u(x^0 + a\omega)u(x^0 + c\omega)\mathrm{d}S_\omega = \int_{S^{n-1}} u^2(x^0 + b\omega)\mathrm{d}S_\omega. \tag{2.32}$$

(提示: 固定 b 后, 对上式左端求导.)

2.3 极值原理及其应用

本节主要介绍调和方程的弱极值原理和强极值原理并给出极值原理的一些应用. 本节中证明极值原理的方法适用于一般的变系数椭圆型方程.

2.3.1 极值原理

首先介绍弱极值原理.

定理 2.3.1   若 $u \in C^2(B_1) \cap C(\overline{B_1})$ 满足 $-\Delta u(x) \leqslant 0$, $x \in B_1$, 则成立

$$\max_{\overline{B_1}} u = \max_{\partial B_1} u. \tag{2.33}$$

证明   第一步: 假设函数 u 满足 $-\Delta u < 0$. 若 u 在 B_1 内取到最大值 $u(x^0)$, 则 $(D^2 u(x^0))$ 为半负定矩阵. 这说明

$$-\Delta u(x^0) = -\mathrm{tr}(D^2 u(x^0)) \geqslant 0.$$

这和 $-\Delta u < 0$ 矛盾.

第二步: $-\Delta u \leqslant 0$ 的情形. 如果我们能够找到一个函数 h 使得 $-\Delta h < 0$, $\forall x \in B_1$, 那么我们可以对 $u_\varepsilon = u + \varepsilon h$ 应用第一步的结论. 最后令 $\varepsilon \to 0$ 就得到需要的结论.

取 $h = x_1^2$. 对 $\varepsilon > 0$, 令 $u_\varepsilon = u + \varepsilon x_1^2$, 则有

$$-\Delta u_\varepsilon = -\Delta u - 2\varepsilon < 0. \tag{2.34}$$

由第一步的结论可知

$$\max_{\overline{B}_1} u \leqslant \max_{\overline{B}_1}(u + \varepsilon x_1^2) = \max_{\partial B_1}(u + \varepsilon x_1^2) \leqslant \max_{\partial B_1} u + \varepsilon.$$

令 $\varepsilon \to 0$, 我们就得到了结论. □

注 2.3.1 满足定理 2.3.1 条件的函数称为下调和函数. 由于 $-\Delta |x|^2 = -2n < 0$, 故 $u = |x|^2$ 是一个典型的下调和函数. 它在单位球 $\overline{B}_1$ 上的最大值 $(=1)$ 在单位球面 ∂B_1 上达到, 而最小值 $(=0)$ 只在原点达到.

推论 2.3.1 若 $u \in C^2(B_1) \cap C(\overline{B}_1)$ 满足 $-\Delta u(x) \geqslant 0$, $x \in B_1$, 则

$$\min_{\overline{B}_1} u = \min_{\partial B_1} u. \tag{2.35}$$

注 2.3.2 满足推论 2.3.1 条件的函数称为上调和函数.

注 2.3.3 对一般光滑有界区域 Ω, 弱极值原理仍成立. 上 (下) 调和函数的弱极限原理可利用习题 2.2 得到. 定理 2.3.1 的证明方法可以推广到一般的椭圆型方程.

下面介绍强极值原理.

定理 2.3.2 设 $u \in C^2(B_1) \cap C(\overline{B}_1)$ 满足 $-\Delta u(x) \leqslant 0$, $x \in B_1$. 若 $x^0 \in \partial B_1$, 使得

$$u(x) < u(x^0), \quad \forall x \in B_1, \tag{2.36}$$

则有

$$\liminf_{t \to 0^+} \frac{u(x^0) - u(x^0 - t\boldsymbol{n})}{t} > 0, \tag{2.37}$$

其中 $\boldsymbol{n}$ 为 x^0 处的单位外法向量. 特别地, 当 $\dfrac{\partial u}{\partial \boldsymbol{n}}(x^0)$ 存在时, $\dfrac{\partial u}{\partial \boldsymbol{n}}(x^0) > 0$.

证明 不失一般性, 我们对 $n = 2$ 的情形给出证明. 首先我们显然有

$$\liminf_{t \to 0^+} \frac{u(x^0) - u(x^0 - t\boldsymbol{n})}{t} \geqslant 0. \tag{2.38}$$

基本想法是找一个函数 $h(x)$, 使得 x^0 仍然是 $w := u - \varepsilon h$ 的局部最大值点, 其中 $\varepsilon > 0$ 是足够小的正数, 从而 (2.38) 对 w 仍然成立, 即有

$$\frac{u(x^0) - u(x^0 - t\boldsymbol{n})}{t} - \frac{\varepsilon h(x^0) - \varepsilon h(x^0 - t\boldsymbol{n})}{t} = \frac{w(x^0) - w(x^0 - t\boldsymbol{n})}{t} \geqslant 0.$$

若还成立 $\dfrac{\partial h}{\partial \boldsymbol{n}} > 0$, 则可证明结论:

$$\liminf_{t \to 0^+} \frac{u(x^0) - u(x^0 - t\boldsymbol{n})}{t} \geqslant \liminf_{t \to 0^+} \frac{\varepsilon h(x^0) - \varepsilon h(x^0 - t\boldsymbol{n})}{t} = \varepsilon \frac{\partial h}{\partial \boldsymbol{n}} > 0. \qquad (2.39)$$

我们选取径向对称函数 $h(r) = h(|x|)$ 满足如下性质:

(a) $\dfrac{\partial h}{\partial \boldsymbol{n}}(x^0) > 0$.

(b) $\Delta h \leqslant 0$ 在 $B_1 \backslash \overline{B_{\frac{1}{2}}}$.

注意, 条件 (b) 保证了 $w := u - \varepsilon h$ 在 $B_1 \backslash \overline{B_{\frac{1}{2}}}$ 是下调和函数. 从而, 由弱极值原理, w 在 $B_1 \backslash \overline{B_{\frac{1}{2}}}$ 上的极大值在边界 $\partial(B_1 \backslash \overline{B_{\frac{1}{2}}})$ 上取到. 这样, 我们仅需进一步要求 w 在 x_0 取到 ∂B_1 上的最大值, 并且在 $\partial B_{\frac{1}{2}}$ 上取不到最大值即可.

由 Laplace 算子 Δ 在 2 维极坐标下的表达式, 并注意到 $\dfrac{\partial h}{\partial \boldsymbol{n}}(x^0) = h'(1)$, 我们可令 $h(r)$ 为如下的常微分方程的一个解:

$$\begin{cases} \Delta h = h''(r) + \dfrac{1}{r}h'(r) = 0, & r \in \left(\dfrac{1}{2}, 1\right), \\ h'(1) = 1. \end{cases}$$

若进一步选 $h(1) = 0$, 则显然 w 在 x_0 处取到其在 ∂B_1 上的最大值. 解上述常微分方程, 可得 $h(r) = \ln r$.

下面, 我们证明可以通过选取充分小的 ε, 使得 w 在 $\partial B_{\frac{1}{2}}$ 上的最大值小于 $w(x_0)$. 实际上, 由假设 (2.36) 可知存在 $c_0 > 0$, 使得

$$\max_{\partial B_{\frac{1}{2}}} u(x) \leqslant u(x^0) - c_0.$$

于是, 只要取 $\varepsilon > 0$ 足够小, 例如 $\varepsilon < \dfrac{c_0}{2\ln 2}$, 则在 $\partial B_{\frac{1}{2}}$ 上成立

$$w(x) = u(x) - \varepsilon h\left(\frac{1}{2}\right) \leqslant u(x^0) - \frac{c_0}{2} < u(x^0) = w(x^0). \qquad (2.40)$$

这样, 我们就证明了 w 在 $x_0 \in \overline{B_1 \backslash B_{\frac{1}{2}}}$ 上取极大值. 对 w 应用弱极值原理可得

$$w(x) \leqslant w(x^0), \quad \forall x \in B_1 \backslash \overline{B_{\frac{1}{2}}}.$$

由 (2.39) 和性质 (a) 即可得到结论. $\qquad\qquad\qquad\qquad\qquad\qquad\qquad\qquad \square$

注 2.3.4 典型的下调和函数 $u = |x|^2$ 在单位球面 ∂B_1 上的外法向导数处处满足 $\dfrac{\partial u}{\partial \boldsymbol{n}} = 2 > 0$.

注 2.3.5 若在 (2.37) 中将单位外法向量 $\boldsymbol{n}$ 换成满足 $\boldsymbol{\nu} \cdot \boldsymbol{n} > 0$ 的单位向量 $\boldsymbol{\nu}$, 则结论仍成立. 事实上, 由定理 2.3.2 证明中 h 的取法, 只需注意到 $\dfrac{\partial h}{\partial \boldsymbol{\nu}}(x^0) = \dfrac{\partial h}{\partial \boldsymbol{n}}(x^0)\boldsymbol{\nu} \cdot \boldsymbol{n} = h'(1)\boldsymbol{\nu} \cdot \boldsymbol{n} = \boldsymbol{\nu} \cdot \boldsymbol{n} > 0$ 即可.

注 2.3.6 对一般光滑有界区域 Ω, 强极值原理仍成立.

注 2.3.7 当 u 满足 $\Delta u \leqslant 0$ 时, 有相应的强极值原理成立. 请读者自行写出.

以上极值原理我们称之为 **Hopf (霍普夫) 极值原理**.

2.3.2 极值原理的应用

下面我们给出极值原理的几个应用.

Bochner 技巧与梯度估计

定理 2.3.3 若 $u \in C^3(B_1) \cap C(\overline{B}_1)$ 为调和函数, 则成立

$$\sup_{B_{\frac{1}{2}}} |\nabla u| \leqslant c(n) \sup_{\partial B_1} |u|, \tag{2.41}$$

其中 $c(n)$ 为只依赖于空间维数 n 的正常数.

证明 我们希望利用弱极值原理得到 (2.41). 一般的方法是将合适的微分算子作用到要估计的量上. 这里, 我们计算 $|\nabla u|^2$ 满足的 Poisson 方程,

$$\Delta(|\nabla u|^2) = 2\sum_{i,j=1}^{n} (\partial_{x_i x_j} u)^2 + 2\sum_{i=1}^{n} \partial_{x_i} u \partial_{x_i}(\Delta u) = 2\sum_{i,j=1}^{n} (\partial_{x_i x_j} u)^2. \tag{2.42}$$

因此, $|\nabla u|^2$ 为下调和函数. 注意到我们只需要估计 $|\nabla u|$ 在 $B_{\frac{1}{2}}$ 上的界. 因此我们引入截断函数 $\varphi \in C_0^\infty(B_1)$,

$$\varphi(x) = \begin{cases} 1, & x \in B_{\frac{1}{2}}, \\ 0, & x \in B_1 \backslash B_{\frac{3}{4}}. \end{cases} \tag{2.43}$$

令 $v = \varphi^2 |\nabla u|^2$, 则在 B_1 上 v 满足

$$\Delta v = 2\varphi \Delta\varphi |\nabla u|^2 + 2|\nabla \varphi|^2 |\nabla u|^2 + 8\varphi \sum_{i,j=1}^{n} \partial_{x_i}\varphi \partial_{x_j} u \partial_{x_i x_j} u + 2\varphi^2 \sum_{i,j=1}^{n} (\partial_{x_i x_j} u)^2$$

$$= (2\varphi \Delta\varphi - 6|\nabla\varphi|^2)|\nabla u|^2 + 2\sum_{i,j=1}^{n} (2\partial_{x_i}\varphi \partial_{x_j} u + \varphi \partial_{x_i x_j} u)^2$$

$$\geqslant (2\varphi \Delta\varphi - 6|\nabla\varphi|^2)|\nabla u|^2 \geqslant -C|\nabla u|^2,$$

其中 C 为只依赖于 φ 的常数. 再注意到在 B_1 上,

$$\Delta(u^2) = 2|\nabla u|^2 + 2u\Delta u = 2|\nabla u|^2.$$

令 $w = v + \alpha u^2$, 其中 $\alpha > 0$ 为足够大的常数, 使得

$$\Delta w \geqslant 0, \quad \forall x \in B_1.$$

则由定理 2.2.2 可知

$$\sup_{B_1} w \leqslant \sup_{\partial B_1} w = \alpha \left(\sup_{\partial B_1} |u| \right)^2.$$

最后注意到 φ 的取法, 显然

$$\sup_{B_{\frac{1}{2}}} |\nabla u|^2 \leqslant \sup_{B_1} (\varphi^2 |\nabla u|^2 + \alpha u^2) = \sup_{B_1} w.$$

这样, 我们就得到了梯度估计 (2.41). $\qquad\square$

这种证明梯度估计的方式称为 **Bochner 技巧**. 它是一种常用的估计技巧, 通过导出待估计量所满足的偏微分方程, 再利用极值原理等方程的性质, 得到估计. 有时为建立局部估计, 往往需对估计量作截断后再讨论. Bochner 技巧对一般的椭圆型方程也适用.

Neumann 问题解的唯一性

定理 2.3.4 Neumann 问题 (2.8) 的解若存在, 则在相差一个常数意义下, 解必是唯一的.

证明 设 $u, v \in C^2(\Omega) \cap C^1(\overline{\Omega})$ 是 (2.8) 的两个解. 令 $w = u - v$, 则 w 满足

$$\begin{cases} \Delta w = 0, & x \in \Omega, \\ \dfrac{\partial w}{\partial \boldsymbol{n}} = 0, & x \in \partial\Omega. \end{cases}$$

若 w 不恒为常数, 则由调和函数的性质可知 w 必在 $\partial\Omega$ 上的某点 x^0 处取到最大值且 $w(x^0) > w(x), \forall x \in \Omega$. 利用强极值原理, 我们有 $\dfrac{\partial w}{\partial \boldsymbol{n}}(x^0) > 0$, 这与 w 满足齐次 Neumann 边界条件矛盾. 因此 w 必为常数. $\qquad\square$

Neumann 外问题的唯一性

定理 2.3.5 设 $n \geqslant 3$, Ω 为 $\mathbb{R}^n$ 上的光滑有界区域, 则 Neumann 外问题 (2.13) 的解若存在, 必是唯一的.

证明留作本节习题.

习题 2.3

1. 对一般的椭圆型方程

$$\sum_{i,j=1}^n a_{ij} \frac{\partial^2 u}{\partial x_i \partial x_j} + \sum_{i=1}^n b_i \frac{\partial u}{\partial x_i} = 0,$$

其中 a_{ij}, b_i 为常数, (a_{ij}) 为正定矩阵, 证明弱极值原理成立.

2. 利用强极值原理证明: 如果下调和函数在区域内部取到最大值, 那么它恒为常数.

3. 对一般的椭圆型方程

$$\sum_{i,j=1}^{n} a_{ij}\frac{\partial^2 u}{\partial x_i \partial x_j} + \sum_{i=1}^{n} b_i\frac{\partial u}{\partial x_i} = 0,$$

其中 a_{ij}, b_i 为常数, (a_{ij}) 为正定矩阵, 证明强极值原理成立.

4. 证明一般光滑有界区域 Ω 上的弱极值原理, 即注 2.3.3 成立.

5. 证明一般光滑有界区域 Ω 上的强极值原理, 即注 2.3.6 成立.

6. 给出一个函数 φ 的例子, 满足定理 2.3.3 中截断函数的性质.

7. 证明定理 2.3.5.

8. 证明球 B_R 上的梯度估计: 若 $u \in C^3(B_R) \cap C(\overline{B_R})$ 为调和函数, 则成立

$$\sup_{B_{\frac{R}{2}}} |\nabla u| \leqslant \frac{c(n)}{R}\sup_{\partial B_R} |u|, \tag{2.44}$$

其中 $c(n)$ 为只依赖于空间维数 n 的正常数.

*9. 利用梯度估计证明若 $u \in C^\infty$ 为 $\mathbb{R}^n$ 上的调和函数, 且存在自然数 k 使得

$$|u(x)| = o(|x|^{k+1}), \quad x \to \infty,$$

则 u 为阶数不超过 k 的多项式. (这些多项式称为调和多项式.)

2.4　Green 函数法

本节主要介绍如何求解有界区域上的 Poisson 方程的 Dirichlet 问题. 我们首先介绍基本解、Green 恒等式、Green 函数的概念和性质. 然后, 我们通过求解特殊区域上的 Green 函数, 给出球上的 Poisson 方程的 Dirichlet 问题解的表达式. 最后, 利用解的表达式给出调和函数进一步的性质.

2.4.1　基本解和 Green 函数

考虑一个调和函数 $u(x)$, 它仅仅是关于 $r = |x|$ 的函数. 记 $v(r) = u(x)$, 则 v 满足

$$\Delta v = v'' + \frac{n-1}{r}v' = 0, \quad r > 0.$$

易得上述常微分方程的通解表达式:

$$v(r) = \begin{cases} c_1 + c_2 \ln r, & n = 2, \\ c_3 + c_4 r^{2-n}, & n \geqslant 3, \end{cases} \quad r > 0,$$

其中 c_i $(i = 1, 2, 3, 4)$ 为常数. 当 $c_1 = c_3 = 0$ 时, 选取 c_2, c_4 分别使得

$$\int_{\partial B_r} \frac{\partial v}{\partial r} \mathrm{d}S = -1,$$

我们将所得到的解称为**基本解**[①], 并记

$$\Gamma(x) = \begin{cases} \dfrac{1}{2\pi} \ln \dfrac{1}{|x|}, & n = 2, \\ \dfrac{1}{(n-2)\omega_{n-1}} \dfrac{1}{|x|^{n-2}}, & n \geqslant 3, \end{cases} \tag{2.45}$$

其中 ω_{n-1} 表示 $n - 1$ 维球面 $\mathbb{S}^{n-1} \subset \mathbb{R}^n$ 的面积. 特别地, 当 $n = 3$ 时, $\omega_2 = 4\pi$, $\Gamma(x) = \dfrac{1}{4\pi|x|}$. 显然, 基本解 $\Gamma(x)$ 在任意不含 0 点的开区域内是调和函数.

Green 公式

设 $\Omega \subset \mathbb{R}^n$ 为光滑有界区域, $u(x), v(x) \in C^2(\Omega) \cap C^1(\overline{\Omega})$. 我们知道成立如下公式:

$$\int_{\Omega} u\partial_{x_i} v \mathrm{d}x = -\int_{\Omega} v\partial_{x_i} u \mathrm{d}x + \int_{\partial\Omega} uvn_i \mathrm{d}S, \tag{2.46}$$

其中 n_i 表示边界 $\partial\Omega$ 的单位外法向量 $\boldsymbol{n}$ 的第 i 个坐标分量. 利用 (2.46), 我们可以推出以下两个公式:

Green 第一公式

$$\int_{\Omega} u\Delta v \mathrm{d}x + \int_{\Omega} \nabla u \cdot \nabla v \mathrm{d}x = \int_{\partial\Omega} u\frac{\partial v}{\partial \boldsymbol{n}} \mathrm{d}S. \tag{2.47}$$

Green 第二公式

$$\int_{\Omega} (u\Delta v - v\Delta u)\mathrm{d}x = \int_{\partial\Omega} \left(u\frac{\partial v}{\partial \boldsymbol{n}} - v\frac{\partial u}{\partial \boldsymbol{n}} \right) \mathrm{d}S. \tag{2.48}$$

下面我们利用上述两个 Green 公式推导 **Green 恒等式**.

---

① 我们可以认为 $\Gamma(x)$ 满足方程

$$-\Delta \Gamma(x) = \delta_0, \quad x \in \mathbb{R}^n,$$

其中 δ_0 称为 Dirac (狄拉克) 函数或 Dirac 测度. 对任意的连续函数 f, δ_0 满足

$$\int_{\mathbb{R}^n} \delta_0 f(y)\mathrm{d}y = f(0).$$

我们可以作如下形式运算:

$$-\Delta_x u = \int_{\mathbb{R}^n} -\Delta_x \Gamma(x-y) f(y)\mathrm{d}y = \int_{\mathbb{R}^n} \delta_x f(y)\mathrm{d}y = f(x).$$

基本解的这个性质, 是下面我们推导 Green 恒等式的基础.

定理 2.4.1 若 Ω 为 $\mathbb{R}^n$ 中的光滑有界区域, $u \in C^2(\Omega) \cap C^1(\overline{\Omega})$, 则 $\forall x \in \Omega$, 成立如下 Green 恒等式

$$u(x) = \int_{\Omega} \Gamma(x-y)(-\Delta u(y))\mathrm{d}y + \int_{\partial\Omega} \left(\Gamma(x-y)\frac{\partial u}{\partial \boldsymbol{n}_y}(y) - u(y)\frac{\partial \Gamma}{\partial \boldsymbol{n}_y}(x-y) \right)\mathrm{d}S_y.$$
(2.49)

证明 仅考虑 $n = 3$ 的情形, 对任意小的 $r > 0$, 在 $\Omega\backslash\overline{B_r(x)}$ 上应用 Green 第二公式, 以下推导过程中分别用 Γ, u 代替 $\Gamma(x-y), u(y)$,

$$\int_{\Omega\backslash\overline{B_r(x)}}(\Gamma\Delta u - u\Delta\Gamma)\mathrm{d}y = \int_{\partial\Omega}\left(\Gamma\frac{\partial u}{\partial \boldsymbol{n}_y} - u\frac{\partial\Gamma}{\partial\boldsymbol{n}_y}\right)\mathrm{d}S_y - \int_{\partial B_r(x)}\left(\Gamma\frac{\partial u}{\partial\boldsymbol{n}_y} - u\frac{\partial\Gamma}{\partial\boldsymbol{n}_y}\right)\mathrm{d}S_y.$$
(2.50)

由于 $\Gamma(x-y)$ 关于 y 在 $\Omega\backslash\overline{B_r(x)}$ 上为调和函数, 则我们有

$$\int_{\Omega}\Gamma\Delta u\mathrm{d}y = \int_{\partial\Omega}\left(\Gamma\frac{\partial u}{\partial\boldsymbol{n}_y} - u\frac{\partial\Gamma}{\partial\boldsymbol{n}_y}\right)\mathrm{d}S_y - \lim_{r\to 0}\int_{\partial B_r(x)}\left(\Gamma\frac{\partial u}{\partial\boldsymbol{n}_y} - u\frac{\partial\Gamma}{\partial\boldsymbol{n}_y}\right)\mathrm{d}S_y. \quad (2.51)$$

由 $n = 3$, $\Gamma(x-y) = \dfrac{1}{4\pi|x-y|}$, 于是

$$\left|\int_{\partial B_r(x)}\Gamma\frac{\partial u}{\partial\boldsymbol{n}_y}\mathrm{d}S_y\right| = \left|\frac{1}{4\pi r}\int_{\partial B_r(x)}\frac{\partial u}{\partial\boldsymbol{n}_y}\mathrm{d}S_y\right|$$

$$\leqslant r\sup_{\partial B_r(x)}|\nabla u| \to 0, \quad r \to 0,$$

以及

$$\int_{\partial B_r(x)}u\frac{\partial\Gamma}{\partial\boldsymbol{n}_y}\mathrm{d}S_y = \frac{-1}{4\pi r^2}\int_{\partial B_r(x)}u\mathrm{d}S_y \to -u(x), \quad r \to 0.$$

这就证明了 $n = 3$ 情形下的 Green 恒等式. $\qquad\square$

特别地, 当 u 为 Ω 上的调和函数时, (2.49) 就化为

$$u(x) = \int_{\partial\Omega}\left(\Gamma(x-y)\frac{\partial u}{\partial\boldsymbol{n}_y}(y) - u(y)\frac{\partial\Gamma}{\partial\boldsymbol{n}_y}(x-y)\right)\mathrm{d}S_y. \quad (2.52)$$

公式 (2.52) 说明调和函数 $u(x)$ 在区域 Ω 内部的值可以由 u 以及法向导数 $\dfrac{\partial u}{\partial\boldsymbol{n}}$ 在边界 $\partial\Omega$ 上的值确定. 而 Dirichlet 问题和 Neumann 问题分别只给定调和函数 u 在边界 $\partial\Omega$ 上的值和法向导数 $\dfrac{\partial u}{\partial\boldsymbol{n}}$ 在边界 $\partial\Omega$ 上的值. 因此, 我们还不能直接应用该公式求解这两个定解问题. 特别地, 我们已经知道 Dirichlet 问题的解是唯一的, 我们希望通过消去 (2.52) 中的 $\dfrac{\partial u}{\partial\boldsymbol{n}}$ 项, 从而给出 Dirichlet 问题的解的表达式, 这正是 Green 函数法的基本出发点.

任意取定 $x \in \Omega$, 令

$$G(x, y) = \Gamma(x-y) - \gamma(x, y), \quad (2.53)$$

其中 $\gamma(x,\cdot) \in C^2(\Omega) \cap C^1(\overline{\Omega})$ 且 $-\Delta_y \gamma(x,y) = 0, y \in \Omega$. 类似 (2.49) 的推导, 我们用 $G(x,y)$ 代替 $\Gamma(x-y)$, 可以得到

$$u(x) = \int_\Omega G(x,y)(-\Delta u(y))\mathrm{d}y + \int_{\partial\Omega} \left(G(x,y)\frac{\partial u}{\partial \boldsymbol{n}_y}(y) - u(y)\frac{\partial G}{\partial \boldsymbol{n}_y}(x,y) \right) \mathrm{d}S_y.$$

为了消去边界积分中的 $\dfrac{\partial u}{\partial \boldsymbol{n}}$ 这项, 我们进一步要求调和函数 $\gamma(x,y)$ 满足 $\gamma(x,y) = \Gamma(x-y), y \in \partial\Omega$. 我们称由 (2.53) 定义的函数 $G(x,y)$ 为 **Green 函数**, 其中 $\gamma(x,y)$ 由下式定义:

$$\begin{cases} \Delta_y \gamma(x,y) = 0, & y \in \Omega, \\ \gamma(x,y) = \Gamma(x-y), & y \in \partial\Omega. \end{cases} \tag{2.54}$$

若这样的 Green 函数 $G(x,y)$ 存在, 则 Dirichlet 问题 (2.7) 的解可以表示为[①]

$$\begin{aligned} u(x) &= \int_\Omega G(x,y)(-\Delta u(y))\mathrm{d}y - \int_{\partial\Omega} u(y)\frac{\partial G}{\partial \boldsymbol{n}_y}(x,y)\mathrm{d}S_y \\ &= \int_\Omega G(x,y)f(y)\mathrm{d}y - \int_{\partial\Omega} g(y)\frac{\partial G}{\partial \boldsymbol{n}_y}(x,y)\mathrm{d}S_y, \quad x \in \Omega. \end{aligned} \tag{2.55}$$

特别地, 若 u 为调和函数, 则

$$u(x) = -\int_{\partial\Omega} g(y)\frac{\partial G}{\partial \boldsymbol{n}_y}(x,y)\mathrm{d}S_y, \quad x \in \Omega. \tag{2.56}$$

在上面的讨论中, 虽然我们已经给出了 Dirichlet 问题解的表达式, 但是对于一般区域 Ω 上的 Green 函数 $G(x,y)$ 的求解本身也是非常困难的 (存在与否也并没有在前面的讨论中给出). 下面我们将对球和半空间的情形导出 Green 函数的具体表达式.

Green 函数满足如下重要性质 (证明留作习题):

1. $G(x,y) = 0, \quad x \in \Omega, y \in \partial\Omega$.

2. 在区域 $\Omega \times \Omega \backslash \{x = y\}$ 中成立

$$0 < G(x,y) < \begin{cases} \Gamma(x-y) + \dfrac{1}{2\pi}\ln\mathrm{diam}(\Omega), & n = 2, \\ \Gamma(x-y), & n \geqslant 3. \end{cases}$$

当 $y \to x$ 时, $G(x,y) \to +\infty$, 其阶数和 $\Gamma(x-y)$ 相同.

3. $G(x,y) = G(y,x), \quad \forall x, y \in \Omega, y \neq x$.

4. $\displaystyle\int_{\partial\Omega} \frac{\partial G(x,y)}{\partial \boldsymbol{n}_y}\mathrm{d}S_y = -1, \quad \forall x \in \Omega$.

---

① 公式 (2.55), (2.56) 需要 Dirichlet 问题 (2.7) 的解 $u \in C^2(\Omega) \cap C^1(\overline{\Omega})$. 这点从公式的推导过程可以看出. 而从 Dirichlet 问题自身出发, 我们只需要解 $u \in C^2(\Omega) \cap C(\overline{\Omega})$. 因此在具体问题中, 我们需要验证(2.55), (2.56) 确实是 Dirichlet 问题的解.

Green 函数在静电学中有明显的物理意义. 设在点 x 有一单位点电荷, 那么它在 3 维空间 y 处的电势为 $\Gamma(x-y) = \dfrac{1}{4\pi|x-y|}$. 若在 x 点的点电荷被一个封闭的金属面 $\partial\Omega$ 包围, 而且金属面是接地的, 此时在金属面内的电势就可以用 Green 函数

$$G(x,y) = \frac{1}{4\pi|x-y|} - \gamma(x,y), \quad y \in \Omega$$

表示, 它在金属面 $\partial\Omega$ 上恒为 0, 而函数 $-\gamma(x,y)$ 正好表示金属面 $\partial\Omega$ 上的感应电荷在 y 处产生的电势. 因此, Green 函数的性质 3 在静电学中可表述为: x 处的单位点电荷在 y 处产生的电势等于 y 处的单位点电荷在 x 处产生的电势. 类似于这样的原理在物理中称为**互易原理**.

2.4.2 特殊区域上的 Green 函数

本小节给出球和半空间上的 Green 函数的具体表达式. 我们利用静电源像法求解球上的 Green 函数.

命题 2.4.1 设 B_R 为 $\mathbb{R}^n$ 中半径为 R 的球, 则对任意给定的 $x \in B_R$, 我们有[①]

$$G(x,y) = \frac{1}{(n-2)\omega_{n-1}}\left(|x-y|^{-(n-2)} - \left|\frac{Rx}{|x|} - \frac{|x|}{R}y\right|^{-(n-2)}\right), \quad y \in B_R,\ n \geqslant 3, \quad (2.57)$$

$$G(x,y) = \frac{1}{2\pi}\left(\ln\frac{1}{|x-y|} + \ln\left|\frac{R}{|x|}x - \frac{|x|}{R}y\right|\right), \quad y \in B_R,\ n = 2. \quad (2.58)$$

证明 我们只对 $n = 3$ 的情形给出证明. 求 B_R 上的 Green 函数归结为求函数 $\gamma(x,y)$, 即求感应电荷所产生的电势. 假设在球 B_R 外也有一个点电荷, 它也产生一个电势, 若两个点电荷产生的电势在球面上处处相互抵消, 这个假想的点电荷在 B_R 内的电势就等于球面上的感应电荷的电势. 由于球的对称性, 我们可以想象该点电荷的位置与球里面的点电荷的位置关于球面是某种对称点. 这种利用对称性求 Green 函数的方法称为**静电源像法**.

考虑 $0 \neq x \in B_R$ 关于 ∂B_R 的反演点 $\tilde{x}$ (如图 2.7(a)), 则

$$\tilde{x} = \frac{R^2 x}{|x|^2}.$$

反演点 $\tilde{x}$ 处的单位点电荷在 y 点处产生的电势为

$$\Gamma(\tilde{x} - y) = \frac{1}{4\pi|\tilde{x} - y|}.$$

当 y 位于球面上, 由反演点 $\tilde{x}$ 的定义知, 如图 2.7(b), $\triangle Oxy$ 和 $\triangle Oy\tilde{x}$ 为相似三角形.

---

① $G(x,y)$ 在 $x = 0$ 处的取值由 $\lim\limits_{x\to 0} G(x,y)$ 极限定义.

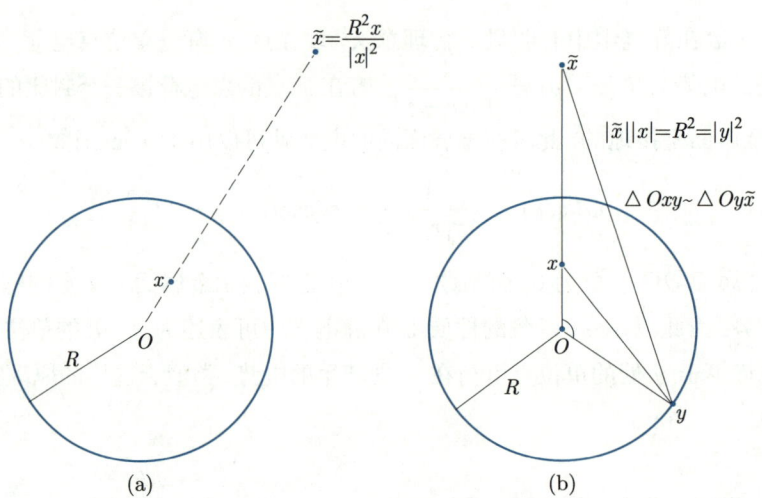

图 2.7 x 的反演点 $\tilde{x}$

因此成立

$$\frac{|x|}{R} = \frac{R}{|\tilde{x}|} = \frac{|x-y|}{|\tilde{x}-y|}.$$

我们得到

$$\Gamma(\tilde{x}-y) = \frac{|x|}{R}\Gamma(x-y).$$

因此, 我们选取在 $\tilde{x}$ 处的点电荷带有的电量为 $\dfrac{R}{|x|}$, 这样它产生的电势和 x 处单位点电荷产生的电势在 ∂B_R 上恰好相等. 因此有

$$\gamma(x,y) = \frac{R}{4\pi|x|}\frac{1}{|\tilde{x}-y|} = \frac{1}{4\pi}\frac{1}{\left|\dfrac{R}{|x|}x - \dfrac{|x|}{R}y\right|}.$$

而当 $x = 0 \in B_R$ 时, $\gamma(x,y) = \dfrac{1}{4\pi R}$. 这就证明了 3 维球上的 Green 函数公式成立, 即

$$G(x,y) = \frac{1}{4\pi}\left(\frac{1}{|x-y|} - \frac{1}{\left|\dfrac{R}{|x|}x - \dfrac{|x|}{R}y\right|}\right), \quad y \in B_R. \tag{2.59}$$

$n = 2$ 和 $n > 3$ 维的球 B_R 上的 Green 函数也可以用类似的办法得到. $\square$

同样的方法应用到半空间上, 我们可以得到**半空间上的 Green 函数**.

命题 2.4.2   设 $H = \{(x_1, x_2, \cdots, x_n) \in \mathbb{R}^n : x_n > 0\}$, 则对给定的 $x \in H$, H 上的 Green 函数为

$$G(x,y) = \Gamma(x-y) - \Gamma(\tilde{x}-y). \tag{2.60}$$

其中 $\tilde{x} = (x_1, \cdots, x_{n-1}, -x_n)$ 为 x 关于轴 $\{x_n = 0\}$ 的对称点, Γ 为 $\mathbb{R}^n$ 上的基本解, 由 (2.45) 给出.

注 2.4.1 关于一般的无界区域上的 Green 函数讨论非常复杂. 在讨论有界区域的外区域上的 Green 函数时, 需要引起注意的是 Green 恒等式 (2.49) 成立需要条件. 事实上, 一般需要对 u 的无穷远加衰减性条件. 一个合理的衰减性条件如下: 存在常数 $a > 0$ 及 $C > 0$, 使得

$$|x|^a|u(x)| + |x|^{1+a}|Du(x)| + |x|^{2+a}|D^2u(x)| \leqslant C, \quad |x| \geqslant 1. \tag{2.61}$$

在用 Green 函数构造 Dirichlet 问题解的时候, 我们是在解 $u \in C^2(\Omega) \cap C^1(\overline{\Omega})$ 以及 $\Gamma(x-y) \in C^2(\Omega) \cap C^1(\overline{\Omega})$ 的情形下, 推导 Dirichlet 解的积分表达式的. 而 Dirichlet 问题的解只需要 $u \in C^2(\Omega) \cap C(\overline{\Omega})$, 因此我们需要验证 (2.55), (2.56) 确实是 Dirichlet 问题的解.

2.4.3 球上 Poisson 方程的解

在本小节, 我们证明 (2.55) 给出了球上 Poisson 方程 Dirichlet 问题的解.

定理 2.4.2 令

$$u(x) = -\int_{\partial B_1} g(y)\frac{\partial G}{\partial \boldsymbol{n}_y}(x,y)\mathrm{d}S_y, \quad x \in B_1, \tag{2.62}$$

其中 $G(x,y)$ 为命题 2.4.1 给出的 Green 函数, $g \in C(\partial B_1)$, 则 u 为下述调和方程 Dirichlet 问题的解

$$\begin{cases} \Delta u = 0, & x \in B_1, \\ u = g, & x \in \partial B_1. \end{cases}$$

注 2.4.2 上述积分表达式 (2.62), 我们称为 **Poisson 公式**.

证明 我们仅对 $n=2$ 验证 (2.62) 确实是调和方程 Dirichlet 问题的解. 注意到此时,

$$G(x,y) = \frac{1}{2\pi}\left(\ln\frac{1}{|x-y|} + \ln\left|\frac{x}{|x|} - |x|y\right|\right)$$

在 $x \neq y$ 时分别关于 x, y 为调和函数. 当 $x \in B_1, y \in \partial B_1$ 时, 由含参变量的积分的求导性质, 我们知道 $u \in C^2(B_1)$ 且

$$\Delta u(x) = -\int_{\partial B_1} g(y)\frac{\partial}{\partial \boldsymbol{n}_y}\Delta_x G(x,y)\mathrm{d}S_y = 0, \quad x \in B_1.$$

接下来就是验证对任意 $x^0 \in \partial B_1$, $\lim\limits_{x \to x^0} u(x) = g(x^0)$. 由 (2.58) 可知, 对 $y \in \partial B_1$,

$$\frac{\partial G(x,y)}{\partial \boldsymbol{n}_y} = \frac{1}{2\pi}\left(-\frac{y-x}{|x-y|^2} + \frac{y-\frac{x}{|x|^2}}{\left|\frac{x}{|x|^2}-y\right|^2}\right)\cdot\frac{y}{|y|}$$

$$= -\frac{1 - |x|^2}{2\pi |x - y|^2}.$$

由 Green 函数的性质 4, 我们知道

$$\int_{\partial B_1} \frac{1 - |x|^2}{2\pi |x - y|^2} \mathrm{d}S_y = 1. \tag{2.63}$$

此时我们有

$$
\begin{aligned}
u(x) - g(x^0) &= \int_{\partial B_1} \frac{(1 - |x|^2)(g(y) - g(x^0))}{2\pi |x - y|^2} \mathrm{d}S_y \\
&= \int_{\partial B_1 \cap \{|y - x^0| \leqslant |x - x^0|^{\frac{1}{3}}\}} \frac{(1 - |x|^2)(g(y) - g(x^0))}{2\pi |x - y|^2} \mathrm{d}S_y + \\
&\quad \int_{\partial B_1 \cap \{|y - x^0| \geqslant |x - x^0|^{\frac{1}{3}}\}} \frac{(1 - |x|^2)(g(y) - g(x^0))}{2\pi |x - y|^2} \mathrm{d}S_y \\
&=: I_1(x) + I_2(x).
\end{aligned}
$$

下面分别来估计 $I_1(x)$ 和 $I_2(x)$. 由于 $\dfrac{1 - |x|^2}{2\pi |x - y|^2}$ 为非负函数且满足 (2.63),

$$
\begin{aligned}
|I_1(x)| &\leqslant \sup_{|y - x^0| \leqslant |x - x^0|^{\frac{1}{3}}} |g(y) - g(x^0)| \int_{\partial B_1 \cap \{|y - x^0| \leqslant |x - x^0|^{\frac{1}{3}}\}} \frac{1 - |x|^2}{2\pi |x - y|^2} \mathrm{d}S_y \\
&\leqslant \sup_{|y - x^0| \leqslant |x - x^0|^{\frac{1}{3}}} |g(y) - g(x^0)|.
\end{aligned}
$$

为估计 $I_2(x)$, 注意到当 $|x - x^0|$ 足够小时,

$$|y - x| \geqslant |y - x^0| - |x - x^0| \geqslant |x - x^0|^{\frac{1}{3}} - |x - x^0| \geqslant \frac{1}{2} |x - x^0|^{\frac{1}{3}},$$

因此,

$$
\begin{aligned}
|I_2(x)| &\leqslant \frac{4}{\pi} \|g\|_{L^\infty} \int_{\partial B_1} \frac{1 - |x|^2}{|x - x^0|^{\frac{2}{3}}} \mathrm{d}S_y = 8\|g\|_{L^\infty} \frac{|x^0|^2 - |x|^2}{|x - x^0|^{\frac{2}{3}}} \\
&\leqslant 8\|g\|_{L^\infty} (|x^0| + |x|) |x^0 - x|^{\frac{1}{3}} \leqslant 16\|g\|_{L^\infty} |x - x^0|^{\frac{1}{3}}.
\end{aligned}
$$

综合上述 $I_1(x), I_2(x)$ 的估计以及 $g \in C(\partial B_1)$, 令 $x \to x^0$, 我们有 $u(x) \to g(x^0)$. 对于一般的 n 维情形, 利用类似的方法可以证明结论依旧成立. $\qquad\square$

定理 2.4.3 令

$$u(x) = \int_{B_1} G(x, y) f(y) \mathrm{d}y, \quad x \in B_1, \tag{2.64}$$

其中 $G(x, y)$ 为命题 2.4.1 给出的 Green 函数, $f \in C^1(\overline{B}_1)$, 则 $u \in C^2(B_1) \cap C(\overline{B}_1)$ 为下述方程的解

$$\begin{cases} -\Delta u = f, & x \in B_1, \\ u = 0, & x \in \partial B_1. \end{cases}$$

证明 首先 $\forall x \in \partial B_1$, $y \in B_1$, $G(x, y) = 0$, 因此 (2.64) 给出的 u 满足 ∂B_1 上取值为 0. 下面只对 $n = 3$ 进行证明其在 B_1 上满足方程.

第一步: 验证 (2.64) 是合理定义的. 注意到对任意给定的 $x \in B_1$, $B_1 \subset \mathbb{R}^3$ 上的 Green 函数为

$$G(x, y) = \Gamma(x - y) - |x|^{-1} \Gamma(\tilde{x} - y), \quad y \in B_1,$$

其中 $\tilde{x} = \dfrac{x}{|x|^2}$. 由 $\mathbb{R}^3$ 中 $\dfrac{1}{|x - y|}$ 在 $y = x$ 点附近的可积性, 可知 (2.64) 是合理定义的.

第二步: 验证 (2.64) 定义的函数 u 在 B_1 上满足方程 $-\Delta u = f(x)$. 我们记

$$u(x) = \int_{B_1} \Gamma(x - y) f(y) \mathrm{d}y - \int_{B_1} |x|^{-1} \Gamma(\tilde{x} - y) f(y) \mathrm{d}y$$

$$=: v(x) + w(x), \quad x \in B_1.$$

通过直接计算可知,

$$|x|^{-1} \Gamma(\tilde{x} - y) = \frac{1}{4\pi \left| \dfrac{x}{|x|} - |x| y \right|} = \frac{1}{4\pi \sqrt{1 - 2x \cdot y + |x|^2 |y|^2}}.$$

利用含参变量的积分求导性质, 我们得到 $w \in C^\infty(B_1)$. 由于 $\dfrac{1}{|x|} \Gamma(\tilde{x} - y)$ 关于 y 在 B_1 上调和 $(x \in B_1)$, 且关于 x 和 y 对称, 故 $\dfrac{1}{|x|} \Gamma(\tilde{x} - y)$ 关于 x 也调和, 进而 w 在 B_1 上关于 x 调和.

下面我们只需要说明 $v \in C^2(B_1)$, 且在 B_1 上有 $-\Delta v(x) = f(x)$. 实际上, 直接求导可得

$$\partial_{x_i} v(x) = \int_{B_1} \partial_{x_i} \Gamma(x - y) f(y) \mathrm{d}y$$

$$= -\int_{B_1} \partial_{y_i} \Gamma(x - y) f(y) \mathrm{d}y$$

$$= \int_{B_1} \Gamma(x - y) \partial_{y_i} f(y) \mathrm{d}y - \int_{\partial B_1} \Gamma(x - y) f(y) n_i \mathrm{d}S_y.$$

进一步地, 我们有

$$\partial^2_{x_i x_j} v = \int_{B_1} \partial_{x_j} \Gamma(x - y) \partial_{y_i} f(y) \mathrm{d}y - \int_{\partial B_1} \partial_{x_j} \Gamma(x - y) f(y) n_i \mathrm{d}S_y,$$

它显然是连续函数. 进一步地, $\forall \varepsilon < 1 - |x|$, 我们有

$$\Delta v = \sum_{i=1}^n \partial^2_{x_i x_i} v$$

$$= \int_{B_1 \setminus B_\varepsilon(x)} \nabla_x \Gamma(x-y) \cdot \nabla_y f(y) \mathrm{d}y + \int_{B_\varepsilon(x)} \nabla_x \Gamma(x-y) \cdot \nabla_y f(y) \mathrm{d}y -$$

$$\int_{\partial B_1} \nabla_x \Gamma(x-y) \cdot \boldsymbol{n} f(y) \mathrm{d}S_y$$

由 Green 公式, 并注意到 $\nabla_x \Gamma(x-y) = -\nabla_y \Gamma(x-y)$ 以及 $\Delta_x \Gamma(x-y) = 0$, $x \neq y$, 可得

$$\Delta v = \int_{B_1 \setminus B_\varepsilon(x)} \Delta_x \Gamma(x-y) f(y) \mathrm{d}y + \int_{\partial B_\varepsilon(x)} \nabla_y \Gamma(x-y) \cdot \boldsymbol{n} f(y) \mathrm{d}S_y +$$

$$\int_{B_\varepsilon(x)} \nabla_x \Gamma(x-y) \cdot \nabla_y f(y) \mathrm{d}y,$$

$$= \int_{\partial B_\varepsilon(x)} \frac{\partial \Gamma}{\partial \boldsymbol{n}_y}(x-y) f(y) \mathrm{d}S_y + \int_{B_\varepsilon(x)} \nabla_x \Gamma(x-y) \cdot \nabla_y f(y) \mathrm{d}y.$$

最后由 $n = 3$ 时, $\Gamma(x-y) = \dfrac{1}{4\pi|x-y|}$, 令 $\varepsilon \to 0$, 这样我们就证明了 $-\Delta u(x) = f(x)$, $x \in B_1$.

第三步: u 是 $\overline{B_1}$ 上的连续函数. 我们只需要验证如下的恒等式:

$$g(x) = \int_{B_1} G(x,y) \mathrm{d}y = \frac{1}{6}(1 - |x|^2). \tag{2.65}$$

实际上, 若 (2.65) 成立, 则由 $G(x,y)$ 的非负性可知

$$|u(x)| \leqslant \int_{B_1} G(x,y)|f(y)| \mathrm{d}y \leqslant |f|_{L^\infty(B_1)} g(x).$$

这就证明了解 u 连续到 ∂B_1. 下面说明 (2.65) 成立. 令 A 为任意的 3×3 的正交矩阵, 则由 $G(x,y)$ 的定义可知 $G(x,y) = G(Ax, Ay)$. 由 $g(x)$ 的定义知 $g(x) = g(Ax)$. 由 A 的任意性知 $g(x)$ 为只关于 $r = |x|$ 的单变量函数. 由习题 2.1 的第 1 题以及第二步, 我们知 g 满足如下的常微分方程:

$$g'' + \frac{2}{r} g' = -1, \quad r \in (0, 1).$$

直接求解可得 g 的通解公式为 $g(x) = -\dfrac{|x|^2}{6} + \dfrac{C_1}{|x|} + C_2$, 其中 C_1, C_2 为常数. 由于 $g(x) \in C^2(B_1)$, 则 $C_1 = 0$. 直接积分 (2.65) 得 $C_2 = g(0) = \dfrac{1}{6}$. $\qquad \square$

结合定理 2.4.2 和定理 2.4.3, 我们给出了球上 Poisson 方程 Dirichlet 问题的解.

注 **2.4.3** 事实上, 若要定理 2.4.3 成立, 我们只需要 $f \in C^\alpha(\overline{B_1})$, $\alpha \in (0,1)$.[①]

---

① 参考 [Lemma 4.4, Gilbarg D, Trudinger N S. Elliptic Partial Differential Equations of Second Order. Berlin: Springer-Verlag, 1983].

注 **2.4.4**　对一般的光滑有界区域 Ω, 若其上的 Green 函数 G 存在, 则定理 2.4.2 和定理 2.4.3 也成立.

2.4.4　奇点可去性和解析性

在介绍了调和函数的基本解以及 Green 函数之后, 我们给出几个应用.

奇点可去性

由基本解的定义 (2.45) 知, $\Gamma(x)$ 除原点 $x = 0$ 外是调和的, 并且原点是不可去奇点. 事实上, 关于调和函数的奇性, 我们有如下结论.

定理 2.4.4　设 $u \in C(B_2 \setminus \{0\})$ 为 $B_1 \setminus \{0\}$ 上的调和函数, 若满足

$$
\begin{cases}
\lim\limits_{x \to 0} |x|^{n-2} u(x) = 0, & n \geqslant 3, \\
\lim\limits_{x \to 0} \dfrac{u(x)}{\ln |x|} = 0, & n = 2,
\end{cases}
$$

则可以补充定义 u 在 0 点的值, 并且这样得到的函数 u 在 B_1 上为调和函数.

证明　我们只对 $n = 3$ 的情形进行证明. 对上述给定的函数 u, 利用公式 (2.62), 我们可知存在 $u^* \in C^2(B_1) \cap C(\overline{B_1})$ 满足方程

$$
\begin{cases}
\Delta u^* = 0, & x \in B_1, \\
u^* = u, & x \in \partial B_1.
\end{cases}
$$

令 $w = u - u^*$, 则 w 是 $B_1 \setminus \{0\}$ 上的调和函数, 且满足

$$
w|_{\partial B_1} = 0, \quad \lim_{x \to 0} |x| w(x) = 0.
$$

我们只需证明在 $B_1 \setminus \{0\}$ 上 $w \equiv 0$ 即可. 记

$$
m_k = \sup_{\partial B_{\frac{1}{k}}} |x| |w(x)| = \frac{1}{k} \sup_{\partial B_{\frac{1}{k}}} |w(x)|,
$$

则 $m_k \to 0, k \to +\infty$. 对 $k \geqslant 2$, 令

$$
w_k(x) = 2 m_k (|x|^{-1} - 1), \quad x \in B_1 \setminus B_{\frac{1}{k}}.
$$

从而 $w - w_k$ 为 $B_1 \setminus B_{\frac{1}{k}}$ 上的调和函数且 $(w - w_k)|_{\partial B_1} = 0$. 由 m_k 的定义可知

$$
w(x) - w_k(x) \leqslant k m_k - 2 m_k(k-1) = -m_k(k-2) \leqslant 0, \quad x \in \partial B_{\frac{1}{k}}.
$$

由调和函数的极值原理知, $w(x) \leqslant w_k(x), x \in B_1 \setminus B_{\frac{1}{k}}$. 固定 $x \in B_1 \setminus \{0\}$, 我们有

$$
w(x) \leqslant \lim_{k \to +\infty} w_k(x) = 0.
$$

由类似的讨论, 我们可以得到 $w(x) \geqslant 0$, $x \in B_1 \setminus \{0\}$. 这就证明了在 $B_1 \setminus \{0\}$ 上 $w \equiv 0$.

$\square$

调和函数的解析性

光滑有界区域 Ω 上的调和函数, 例如 $x_1^2 - x_2^2$, $\mathrm{e}^{kx_1} \sin kx_2$, $\Gamma(x)$ 等都是 Ω 上的解析函数. 事实上, 利用 Poisson 积分公式, 我们有如下定理.

定理 2.4.5 设 u 为 B_1 上的调和函数且连续到边界, 则 u 为 B_1 上的解析函数.

证明 同样地, 我们只对 $n = 3$ 进行证明. 由 Poisson 积分公式 (2.62) 解的验证过程中, 我们可知

$$u(x) = \int_{\partial B_1} \frac{(1 - |x|^2)g(y)}{4\pi|x - y|^3} \mathrm{d}S_y,$$

则我们只需要说明 $u(x)$ 在任意点 $x^0 \in B_1$ 处均可展开为关于 $x - x^0$ 的幂级数即可.

容易看出来, $1 - |x|^2$ 为解析函数, 收敛半径为 $+\infty$. 对于 $\dfrac{1}{|x - y|^3}$, 我们有

$$\frac{1}{|x - y|^3} = \frac{1}{|(x - x^0) - (y - x^0)|^3}$$

$$= |y - x^0|^{-3} \left(1 - \frac{2(x - x^0) \cdot (y - x^0) - |x - x^0|^2}{|y - x^0|^2} \right)^{-\frac{3}{2}}.$$

利用二项式定理可以将上式右端在 x^0 附近展开为关于 $x - x^0$ 的幂级数. 当 $|x - x^0| \leqslant \dfrac{1}{4}(1 - |x^0|)$ 时, 在 x^0 附近关于 $x - x^0$ 的幂级数展开关于 $y \in \partial B_1$ 是一致收敛的. 因此可以逐项求积分, 而且积分后得到的是关于 $x - x^0$ 一致收敛的幂级数. 这就证明了 u 在 x^0 处解析.

$\square$

由解析函数的性质, 我们立即得到

推论 2.4.1 若 u 为区域 Ω 上的调和函数且 u 在 Ω 的一个非空开子集上恒为 0, 则 u 在 Ω 上恒为 0.

注 2.4.5 由推论可知, 若 u_1, u_2 为区域 Ω 上的调和函数, 且 u_1 与 u_2 在一个非空开子集上相等, 则在 Ω 上 $u_1 \equiv u_2$. 该性质称为调和函数的唯一延拓性, 类似于全纯函数解析延拓的唯一性.

习题 2.4

1. 验证 2 维情形的 Green 恒等式.

2. 证明 Green 函数的性质 2—4. (提示: 证明性质 3 时, 可证 $G(x, z)$, $G(y, z)$ 为关于 z 的两个 Green 函数, 成立 $G(x, y) = G(y, x)$.)

3. 验证 2 维圆盘的 Green 函数公式 (2.58) 成立.

4. 验证半空间的 Green 函数公式 (2.60) 成立.

5. 写出 3 维球的外部区域的 Green 函数, 并由此导出调和方程在区域为球的情形下 Dirichlet 外问题的 Poisson 公式, 并验证 Poisson 公式就是 Dirichlet 外问题的解.

6. 利用 Green 恒等式推导有界区域上 Neumann 问题解的表达式.

7. 证明 u 满足 (2.61) 时, Green 恒等式 (2.49) 依然成立.

8. 验证 $n \geqslant 3$ 维情形下定理 2.4.2 成立.

9. (1) 求半圆区域上的 Dirichlet 问题的 Green 函数;

(2) 求 $H = \{(x_1, x_2, \cdots, x_n) : x_{n-1}, x_n > 0\}$ 上的 Dirichlet 问题的 Green 函数.

10. 利用公式 (2.56) 重新证明单位球上调和函数的 Harnack 不等式.

11. 证明满足平均值性质的连续函数一定是调和函数. (提示: 利用 Poisson 公式和极值原理的证明思想.)

12. (1) **Harnack 第一定理** 设函数序列 $\{u_k\} \subset C(\overline{\Omega})$ 为 Ω 上的调和函数列. 若 $\{u_k\}$ 在 $\partial\Omega$ 上一致收敛, 则它在 Ω 上也一致收敛, 并且极限函数 u 也是 Ω 上的调和函数.

(2) **Harnack 第二定理** 设 $\{u_k\}$ 为 Ω 上的一个单调不减的调和函数列. 若 $\{u_k\}$ 在 Ω 中的某点 P 处收敛, 则它内闭一致收敛于 Ω 上的一个调和函数 u.

*13. (1) 证明 Dirichlet 外问题和 Dirichlet 问题的适定性是等价的. (提示: 利用 Kelvin 变换和奇点可去性定理.)

(2) 利用该等价性证明: 在有界区域外定义的 3 维调和函数若在 $|x| \to \infty$ 时衰减到 0, 则衰减速度至少为 $O\left(\dfrac{1}{|x|}\right)$.

*14. 设区域 $\Omega \subset \mathbb{R}^n$, $n-1$ 维超曲面 S 将区域 Ω 分成 Ω_1 与 Ω_2 两部分, 函数 $u \in C^2(\Omega_1) \cap C^2(\Omega_2)$ 在 Ω_1 与 Ω_2 中分别满足 $\Delta u = 0$, 且 $u \in C^1(\overline{\Omega})$. 证明 $u \in C^2(\Omega)$, 且在整个区域 Ω 中满足 $\Delta u = 0$. (提示: 利用 Green 恒等式与 11 题的结论.)

2.5 特征值问题

在本节中, 我们研究 Laplace 算子的特征值和特征函数相关问题[①].

首先, 我们回顾矩阵最基本的特征值理论. 设 A 是一个 n 阶半正定矩阵, 则 A 有 n 个非负实特征值 $\{\lambda_i\}_{i=1}^n$, 对应有 n 个特征 (列) 向量 $\{u_i\}_{i=1}^n$, 满足

$$\begin{cases} 0 \leqslant \lambda_1 \leqslant \lambda_2 \leqslant \cdots \leqslant \lambda_n, \\ A u_i = \lambda_i u_i, \\ \langle u_i, u_j \rangle = \delta_{ij}, \end{cases}$$

---

① 更准确地, 本节研究关于 $-\Delta$ 的特征值问题, 但为方便起见, 我们仍称其为 Laplace 算子的特征值问题.

其中

$$\delta_{ij} := \begin{cases} 1, & i = j, \\ 0, & i \neq j. \end{cases}$$

故 $\{u_i\}_{i=1}^n$ 组成 $\mathbb{R}^n$ 的一组标准正交基. 由谱定理, $A = \sum_{i=1}^n \lambda_i u_i u_i^{\mathrm{T}}$, 故矩阵 A 及其对应的线性算子完全由特征值和特征向量决定.

对算子特征值的研究不仅在数学上有重要的理论意义, 而且在物理学和现实中也有着重要的应用. 例如, 在 (非相对论) 量子力学中, 用于描述粒子运动的波函数满足 Schrödinger 方程. Schrödinger 算子 $-\Delta + V$ (其中 V 是给定的势函数) 的特征值 λ 表示粒子在某个状态下所具有的能量, 而这个粒子出现在空间位置 x 处的概率可以由 $|u(x)|^2$ 来表示, 这里的 $u(x)$ 为相应于 λ 的特征函数. 又例如, 在声学中, 敲打鼓膜产生的声波可由不同频率的简单波叠加而成. 这些简单波的频率为鼓膜形状 $\Omega \subset \mathbb{R}^2$ 上带 Dirichlet 边界条件的 Laplace 算子特征值的正平方根.

设 $\Omega \subset \mathbb{R}^n$ 为有界光滑区域, 我们考虑 Ω 上的 Laplace 算子的特征值问题.

定义 2.5.1 如果非零函数 $u \in C^2(\Omega) \cap C^1(\overline{\Omega})$ 和 $\lambda \in \mathbb{R}$ 满足

$$\begin{cases} -\Delta u(x) = \lambda u(x), & x \in \Omega, \\ u(x) = 0, & x \in \partial\Omega, \end{cases} \tag{I}$$

或

$$\begin{cases} -\Delta u(x) = \lambda u(x), & x \in \Omega, \\ \dfrac{\partial u}{\partial \boldsymbol{n}}(x) = 0, & x \in \partial\Omega, \end{cases} \tag{II}$$

或

$$\begin{cases} -\Delta u(x) = \lambda u(x), & x \in \Omega, \\ \dfrac{\partial u}{\partial \boldsymbol{n}}(x) + \sigma u = 0, & x \in \partial\Omega, \end{cases} \quad \sigma > 0, \tag{III}$$

那么分别称 λ 是 Ω 上具有 (齐次) Dirichlet 边界条件, Neumann 边界条件或者 Robin 边界条件 (对应第一, 第二, 第三类边界条件 (2.7), (2.8) 和 (2.9)) 的算子 $-\Delta$ 的特征值, u 是对应的特征函数. 我们称 (λ, u) 是 Ω 上 Laplace 算子的特征对.

注 2.5.1 由于方程是线性的, 通过归一化, 我们只需考虑满足 $\displaystyle\int_\Omega u^2 \mathrm{d}x = 1$ 的特征函数.

现给出 Hilbert (希尔伯特) 空间 $L^2(\Omega)$ 的完备标准正交基的定义.

定义 2.5.2 若 $\{u_i\}_{i=1}^{\infty} \subset L^2(\Omega)$ 满足

$$\int_{\Omega} u_i u_j \mathrm{d}x = \delta_{ij}, \quad \overline{\mathrm{Span}(\{u_i\}_{i=1}^{\infty})} = L^2(\Omega),$$

则称 $\{u_i\}_{i=1}^{\infty}$ 是 $L^2(\Omega)$ 的一组完备标准正交基, 其中 $\mathrm{Span}(\{u_i\}_{i=1}^{\infty})$ 是指由 $\{u_i\}_{i=1}^{\infty}$ 生成的线性空间, $\overline{X}$ 表示 X 在 $L^2(\Omega)$ 拓扑下的闭包.

2.5.1 一维情形

我们首先研究简单的一维情形, 先讨论带 Dirichlet 边界条件的 Laplace 算子 $-\dfrac{\mathrm{d}^2}{\mathrm{d}x^2}$ 的特征值问题.

例 2.5.1 设 $\Omega = (0, \pi) \subset \mathbb{R}$. 求解如下 Dirichlet 边界条件的特征值问题:

$$\begin{cases} -u''(x) = \lambda u(x), & x \in (0, \pi), \\ u(0) = u(\pi) = 0. \end{cases} \tag{2.66}$$

由常微分方程理论可知: 方程 $-u''(x) = \lambda u(x)$ 的通解为

$$u(x) = \begin{cases} A \cos \sqrt{\lambda} x + B \sin \sqrt{\lambda} x, & \lambda > 0, \\ Ax + B, & \lambda = 0, \quad A, B \in \mathbb{R}. \\ A\mathrm{e}^{\sqrt{-\lambda}x} + B\mathrm{e}^{-\sqrt{-\lambda}x}, & \lambda < 0, \end{cases}$$

注意到边界条件 $u(0) = u(\pi) = 0$, 当 $\lambda \leqslant 0$ 时, 方程只有零解; 当 $\lambda > 0$ 时, 方程有非零解当且仅当 $\lambda = \lambda_k = k^2$ $(k \in \mathbb{N}_+)$, 此时方程的解为 $u_k(x) = \sqrt{\dfrac{2}{\pi}} \sin kx$. 这个例子中, 所有的特征值都是非负的, 且当 $k \to +\infty$ 时, $\lambda_k \to +\infty$. 进一步地,

$$\int_0^{\pi} u_i(x) u_j(x) \mathrm{d}x = \delta_{ij}, \quad i, j \in \mathbb{N}_+.$$

我们断言 $\{u_k(x)\}_{k=1}^{\infty}$ 构成 $L^2(0, \pi)$ 的完备标准正交基, 只需证明: 若 $f \in L^2(0, \pi)$, $\int_0^{\pi} f(x) \sin kx \mathrm{d}x = 0, \forall k \in \mathbb{N}_+$, 则 $f = 0$. 定义 f 的奇延拓,

$$\tilde{f}(x) = \begin{cases} f(x), & x \in [0, \pi], \\ -f(-x), & x \in [-\pi, 0). \end{cases}$$

由 Fourier 级数理论, $\{1\} \cup \{\cos nx, \sin nx\}_{n=1}^{\infty}$ 构成 $L^2(-\pi, \pi)$ 的完备正交基. 由于 $\tilde{f}$ 是奇函数, 容易验证

$$\int_{-\pi}^{\pi} \tilde{f}(x) \mathrm{d}x = 0, \quad \int_{-\pi}^{\pi} \tilde{f}(x) \cos nx \mathrm{d}x = 0, \quad n \geqslant 1.$$

另外

$$\int_{-\pi}^{\pi} \tilde{f}(x) \sin nx \mathrm{d}x = 2 \int_0^\pi f(x) \sin nx \mathrm{d}x = 0, \quad n \geqslant 1.$$

从而 $\tilde{f} = 0$, 故 $f = 0$. 断言得证.

然后, 我们考虑一维带 Neumann 边界条件的 Laplace 算子的特征值问题.

例 2.5.2 设 $\Omega = (0, \pi) \subset \mathbb{R}$. 求解如下 Neumann 边界条件的特征值问题:

$$\begin{cases} -u''(x) = \lambda u(x), & x \in (0, \pi), \\ u'(0) = u'(\pi) = 0. \end{cases} \tag{2.67}$$

由常微分方程理论, 只有当 $\lambda = \lambda_k = (k-1)^2 (k \in \mathbb{N}_+)$ 时, 方程有非零解

$$u_k(x) = \begin{cases} \dfrac{1}{\sqrt{\pi}}, & k = 1, \\ \sqrt{\dfrac{2}{\pi}} \cos(k-1)x, & k \geqslant 2. \end{cases}$$

注意到, 与 Dirichlet 边界条件不同, Neumann 条件的特征值包含 0. 另外, $\{u_k(x)\}_{k=1}^\infty$ 也构成 $L^2(0, \pi)$ 的完备标准正交基.

更一般地, 我们不加证明地给出如下 **Sturm-Liouville (施图姆－刘维尔) 定理**.

定理 2.5.1 考虑 $\Omega = (0, L) \subset \mathbb{R}$ 上的 Sturm-Liouville 特征值问题:

$$\begin{cases} -u''(x) = \lambda u(x), & x \in (0, L), \\ -\alpha_1 u'(0) + \beta_1 u(0) = 0, \\ \alpha_2 u'(L) + \beta_2 u(L) = 0, \end{cases} \tag{2.68}$$

其中 $\alpha_i \geqslant 0, \beta_i \geqslant 0, \alpha_i + \beta_i \neq 0 \ (i = 1, 2)$. 我们有如下结论成立:

1. 所有的特征值 λ 都是非负的, 且构成趋于 $+\infty$ 的单调递增序列, 可记为

$$0 \leqslant \lambda_1 \leqslant \lambda_2 \leqslant \cdots \leqslant \lambda_k \leqslant \cdots \to +\infty,$$

特别地, $\lambda_1 = 0$ 当且仅当 $\beta_1 = \beta_2 = 0$.

2. 存在一列特征函数 $\{u_k\}_{k=1}^\infty \subset C^\infty([0, L])$ (对应特征值 λ_k), 构成 $L^2(0, L)$ 的完备标准正交基. 从而任意 $f \in L^2(0, L)$ 可以表示为

$$f(x) = \sum_{k=1}^\infty a_k u_k(x), \tag{2.69}$$

右端在 $L^2(0, L)$ 意义下收敛.

3. 如果 $f \in C^2([0, L])$ 且满足 Sturm-Liouville 问题的边界条件 (2.68), 则 (2.69) 的右端绝对收敛, 且一致收敛到 f.

注 2.5.2　Sturm-Liouville 问题中的常数 $(\alpha_1, \alpha_2, \beta_1, \beta_2)$ 取不同值时, 可分别对应三类边界条件:

1. 当 $\alpha_1 = \alpha_2 = 0$ 时, 对应 Dirichlet 边界条件 (2.7).
2. 当 $\beta_1 = \beta_2 = 0$ 时, 对应 Neumann 边界条件 (2.8).
3. 当 $\alpha_1, \alpha_2, \beta_1, \beta_2$ 都不为零时, 对应 Robin 边界条件 (2.9).

注 2.5.3　Sturm-Liouville 定理是分离变量法 (method of separation of variables) 的理论基础, 后续我们会介绍这个方法, 并用它来求某些偏微分方程的边值问题的解.

我们总结以上一维例子的 Laplace 算子特征值和特征函数的性质:

1. 所有的特征值都是非负的, 且为可列的.
2. 特征函数列 $\{u_k\}_{k=1}^{\infty}$ 构成 $L^2(\Omega)$ 的一组完备的标准正交基.

2.5.2　高维情形

实际上, 这些性质是 Laplace 算子特征值和特征函数的普遍性质, 对一般有界光滑区域 $\Omega \subset \mathbb{R}^n$ 都成立. 首先, 特征值的非负性可以通过分部积分得到.

命题 2.5.1　设 (λ, u) 是区域 Ω 上 Laplace 算子的特征对, 则

(1) 对于 Dirichlet 和 Neumann 边界条件,

$$\lambda = \frac{\displaystyle\int_{\Omega} |\nabla u|^2 \mathrm{d}x}{\displaystyle\int_{\Omega} u^2 \mathrm{d}x} \geqslant 0;$$

并且当且仅当 Neumann 边界条件情形, λ 可以取零值.

(2) 对于 Robin 边界条件,

$$\lambda = \frac{\displaystyle\int_{\Omega} |\nabla u|^2 \mathrm{d}x + \sigma \int_{\partial\Omega} u^2 \mathrm{d}x}{\displaystyle\int_{\Omega} u^2 \mathrm{d}x} > 0.$$

证明　我们只证明 Dirichlet 和 Neumann 边界条件的情形, Robin 边界条件的证法类似. 在特征方程两边乘 u 后在 Ω 上积分,

$$\int_{\Omega} (-\Delta u)u\mathrm{d}x = \lambda \int_{\Omega} u^2 \mathrm{d}x.$$

而由 Green 公式,

$$\int_{\Omega} (-\Delta u)u\mathrm{d}x = \int_{\Omega} |\nabla u|^2 \mathrm{d}x,$$

得证. □

进一步, 由泛函分析中的紧算子理论和椭圆型方程的估计, 可以证明如下结论.[①]

定理 2.5.2 区域 $\Omega \subset \mathbb{R}^n$ 上三类边界条件的 Laplace 算子所有特征值是离散集且按照大小可排列为

$$0 \leqslant \lambda_1 \leqslant \lambda_2 \leqslant \lambda_3 \leqslant \cdots \lambda_k \leqslant \cdots \to \infty.$$

其相应的特征函数 $\{u_k\}_{k=1}^\infty$ 满足

(1) $\{u_k\}_{k=1}^\infty$ 构成 $L^2(\Omega)$ 的一组完备的标准正交基;

(2) 特征空间都是有限维的, 即对于任一特征值 λ, $\dim\{u \in L^2(\Omega) : -\Delta u = \lambda u\} < +\infty$.

注 2.5.4 Laplace 算子的特征值和特征函数的上述性质, 在研究高维空间中偏微分方程定解问题 (比如, 在后续讨论高维热方程和波方程解的初边值问题) 的适定性时有重要的作用. 著名的 Galerkin (伽辽金) 方法, 就是将偏微分方程在有限维子空间 (比如由 Laplace 算子的特征函数所张成的有限维空间) 中投影, 求得有限维近似解, 再结合偏微分方程解的先验估计, 通过求极限的方式, 得到原偏微分方程的解.

定义 2.5.3 在 Dirichlet 边界条件下, λ_1 称为第一特征值, 对应的特征函数称为第一特征函数.

第一特征值可由如下的极小原理刻画:

定理 2.5.3 在 Dirichlet 边界条件下,

$$\lambda_1 = \inf_{\substack{u \in C^\infty(\overline{\Omega}) \\ u|_{\partial\Omega}=0, u\neq 0}} \frac{\int_\Omega |\nabla u|^2 \mathrm{d}x}{\int_\Omega u^2 \mathrm{d}x}.$$

证明 设 $\{(\lambda_i, u_i)\}_{i=1}^\infty$ 是一组完备特征对, 则对于任意 $u \in L^2(\Omega)$, $\int_\Omega u^2 \mathrm{d}x = 1$, 有

$$u = \sum_{i=1}^\infty a_i u_i \quad \text{且} \quad \sum_{i=1}^\infty a_i^2 = 1.$$

我们作如下形式计算[②]: 由于 $u|_{\partial\Omega} = 0$,

$$\int_\Omega |\nabla u|^2 \mathrm{d}x = \int_\Omega u(-\Delta u)\mathrm{d}x = \int_\Omega \left(\sum_{i=1}^\infty a_i u_i\right)\left(\sum_{j=1}^\infty a_j \lambda_j u_j\right)\mathrm{d}x$$

[①] 比如在 Dirichlet 边界条件情形下, 可以通过证明 Laplace 算子的逆算子是 $L^2(\Omega)$ 上的紧算子, 再用紧算子的谱理论.

[②] 这里导数和无穷求和可以交换, 需要特征值和特征函数进一步的性质.

$$= \sum_{i=1}^{\infty} \lambda_i a_i{}^2 \geqslant \lambda_1 \sum_{i=1}^{\infty} a_i{}^2 = \lambda_1,$$

由 u 的任意性,

$$\lambda_1 \leqslant \inf_{\substack{u \in C^{\infty}(\overline{\Omega}), \\ u|_{\partial\Omega}=0, u \not\equiv 0}} \frac{\displaystyle\int_{\Omega} |\nabla u|^2 \mathrm{d}x}{\displaystyle\int_{\Omega} u^2 \mathrm{d}x}.$$

另外, 由命题 2.5.1, 取 $u = u_1$ 得 $\dfrac{\displaystyle\int_{\Omega} |\nabla u_1|^2 \mathrm{d}x}{\displaystyle\int_{\Omega} u_1^2 \mathrm{d}x} = \lambda_1$, 这就证明了定理. $\qquad\square$

极小原理可用来研究 Poincaré (庞加莱) 不等式中的最佳常数. 首先, 我们证明一般区域上的 Poincaré 不等式.

定理 2.5.4 对于任意 $u \in C^1(\overline{\Omega})$, $u|_{\partial\Omega} = 0$, 成立

$$\int_{\Omega} |\nabla u|^2 \mathrm{d}x \geqslant \frac{1}{D^2} \int_{\Omega} u^2 \mathrm{d}x,$$

其中 $D := \sup\limits_{x,y \in \Omega} |x - y|$ 为 Ω 的直径.

证明 将 u 零延拓到整个 $\mathbb{R}^n$, 使其成为 Lipschitz (利普希茨) 连续函数. 设 $e_1 = (1, 0, \cdots, 0)$. 对于几乎处处的 $x \in \Omega$,

$$u(x) = \int_{-\infty}^{0} \frac{\mathrm{d}}{\mathrm{d}s}(u(x + se_1))\mathrm{d}s = \int_{-\infty}^{0} \frac{\partial u}{\partial x_1}(x + se_1)\mathrm{d}s \leqslant \int_{-D}^{0} |\nabla u|(x + se_1)\mathrm{d}s.$$

故由 Hölder (赫尔德) 不等式

$$u(x)^2 \leqslant D \int_{-D}^{0} |\nabla u|^2 (x + se_1)\mathrm{d}s.$$

两边关于 x 积分, 得到

$$\begin{aligned}
\int_{\Omega} u(x)^2 \mathrm{d}x &\leqslant D \int_{\Omega} \int_{-D}^{0} |\nabla u|^2 (x + se_1)\mathrm{d}s\mathrm{d}x \\
&= D \int_{-D}^{0} \mathrm{d}s \int_{\Omega} |\nabla u|^2 (x + se_1)\mathrm{d}x \\
&\leqslant D^2 \int_{\mathbb{R}^n} |\nabla u|^2 \mathrm{d}x \\
&= D^2 \int_{\Omega} |\nabla u|^2 \mathrm{d}x.
\end{aligned}$$

定理得证. $\qquad\square$

由定理 2.5.3 和定理 2.5.4, 得到如下推论.

推论 2.5.1 第一特征值 λ_1 为使得 Poincaré 不等式

$$\int_\Omega |\nabla u|^2 \mathrm{d}x \geqslant c \int_\Omega u^2 \mathrm{d}x, \quad u \in C^1(\overline{\Omega}), \quad u|_{\partial\Omega} = 0$$

成立的最佳 (最大) 常数, 并且成立如下估计:

$$\lambda_1 \geqslant \frac{1}{D^2},$$

这里 D 为区域 Ω 的直径.

下面研究 2 维矩形区域上 Laplace 算子的特征值问题, 为了求解该问题, 我们介绍一种重要的方法, 称为**分离变量法**. 分离变量法的基本思想是, 把所要求解的高维函数分解成若干个低维函数的乘积, 代入原方程后得到若干常微分方程或维数降低了的偏微分方程, 从而求解得到原方程的特解. 需要说明的是, 这种方法找到的特解全体张成了原有问题的所有解, 这就需要用到 Sturm-Liouville 定理关于特征函数全体构成 L^2 空间的一组完备标准正交基的结论.

例 2.5.3 设矩形区域 $\Omega = (0,a) \times (0,b) \subset \mathbb{R}^2$. 假设 $u(x,y) = v(x)w(y)$, 且 v 是 $(0,a)$ 上 Dirichlet 边界条件的 Laplace 算子对应于特征值 μ 的特征函数, w 是 $(0,b)$ 上 Dirichlet 边界条件的 Laplace 算子对应于特征值 ρ 的特征函数, 则

$$-\Delta u = -(v''w + vw'') = (\mu + \rho)u.$$

从而 u 是 Ω 上的特征函数, 其相应的特征值为 $(\mu + \rho)$. 类似于例 2.5.1, 我们容易得到特征对 (μ, v) 与 (ρ, w), 进而得到 $\Omega = (0,a) \times (0,b)$ 上 Laplace 算子的特征对

$$\left(\pi^2 \left(\frac{i^2}{a^2} + \frac{j^2}{b^2}\right), \sqrt{\frac{4}{ab}} \sin\frac{i\pi}{a}x \sin\frac{j\pi}{b}y\right), \quad i,j \in \mathbb{N}_+. \tag{2.70}$$

由于

$$\left\{\sqrt{\frac{4}{ab}} \sin\frac{i\pi}{a}x \sin\frac{j\pi}{b}y\right\}_{i,j \in \mathbb{N}_+}$$

构成 $L^2((0,a) \times (0,b))$ 的一组完备标准正交基, 故 (2.70) 给出了所有的特征函数及特征值.

下面我们研究平面中单位圆盘上 Laplace 算子的特征值与特征函数.

例 2.5.4 在单位圆盘 $B_1 \subset \mathbb{R}^2$ 上求解带 Dirichlet 边界条件的 Laplace 算子的特征值. 令 (r, θ) 是平面的极坐标, 则

$$\Delta u = \frac{\partial^2}{\partial r^2}u + \frac{1}{r}\frac{\partial}{\partial r}u + \frac{1}{r^2}\frac{\partial^2}{\partial\theta^2}u.$$

构造形如 $u(r,\theta) = v(r)w(\theta)$ 的解, 其中 w 是以 2π 为周期的周期函数. 从而特征方程 $-\Delta u = \lambda u$ 化为

$$\begin{cases} v'' + \dfrac{1}{r}v' + \left(\lambda - \dfrac{k}{r^2}\right)v = 0, \\ w'' + kw = 0. \end{cases} \qquad (2.71)$$

注意到边界条件 $u|_{\partial B_1} = 0$ 和 u 的连续性, 得到

$$v(1) = 0 \ \text{且} \ v(0) \ \text{有界}.$$

由 (2.71) 的第二个方程以及 w 的周期性, 得到 $k = n^2$, $n \in \mathbb{N}$, 且相应的解为

$$\omega = \begin{cases} \dfrac{1}{\sqrt{2\pi}}, & k = 0, \\ \dfrac{1}{\sqrt{\pi}}\cos n\theta, \ \dfrac{1}{\sqrt{\pi}}\sin n\theta, & k = n^2, n \geqslant 1. \end{cases}$$

代入第一个方程, 得到

$$v'' + \frac{1}{r}v' + \left(\lambda - \frac{n^2}{r^2}\right)v = 0,$$

作变换 $\tau = \sqrt{\lambda}r$, $v(r) = f(\sqrt{\lambda}r)$, 我们得到

$$f'' + \frac{1}{\tau}f' + \left(1 - \frac{n^2}{\tau^2}\right)f = 0,$$

这是 n 阶 Bessel (贝塞尔) 方程. 该方程有两个线性无关的解, 由于 $f(0)$ 有界 (因为 $v(0)$ 有界), 其中的一个解有意义 (另一个解在零点有奇性). 有意义的解 (差一个常数因子) 称为第一类 n 阶 Bessel 函数, 记为 $J_n(r)$. 则原方程的解为 $v(r) = CJ_n(\sqrt{\lambda}r)$. 第一类 n 阶 Bessel 函数 $J_n(r)$ 是振荡函数, 图像如图 2.8 所示. 它有无穷多个正零点, 记 $j_{n,l}$ 为第 l 个正零点, $l \geqslant 1$. 由边界条件 $v(1) = 0$, $v(1) = CJ_n(\sqrt{\lambda}) = 0$, 故 $\lambda = j_{n,l}^2$.

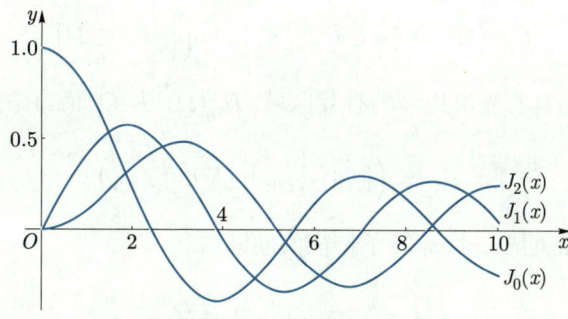

图 2.8 Bessel 函数 $J_n(r)$

1. $k = 0$. 这时 w 是常数, 则 $u(r,\theta) = Cv(r)$ 是径向函数. 对于 $l \geqslant 1$, 得到特征值 $j_{0,l}^2$, 其对应的特征函数为 $u(r) = CJ_0(j_{0,l}r)$. 这些特征值是单的, 且特征函数都是径向的. 其中 $\lambda_1(B_1) = j_{0,1}^2 \approx 5.783\,1$.

2. $k = n^2 \geqslant 1$. 对于 $l \geqslant 1$, 特征值 $j_{n,l}^2$ 对应的特征空间由以下函数张成,

$$CJ_n(j_{n,l}r)\cos n\theta, \ CJ_n(j_{n,l}r)\sin n\theta.$$

对于给定的正整数 n, 考虑带权的 L^2 空间, $L^2((0,1),r\mathrm{d}r)$, 可以证明 $\{J_n(j_{n,l}r)\}_{l\in\mathbb{N}_+}$ 构成它的一组完备标准正交基. 另外, 三角函数系 $\left\{\dfrac{1}{\sqrt{2\pi}}\right\}\cup\left\{\dfrac{1}{\sqrt{\pi}}\cos n\theta, \dfrac{1}{\sqrt{\pi}}\sin n\theta\right\}_{n\in\mathbb{N}_+}$ 构成 $L^2(0,2\pi)$ 的一组完备标准正交基. 由于任意可积函数 g,

$$\int_{B_1} g(x)\mathrm{d}x = \int g(r\cos\theta, r\sin\theta)r\mathrm{d}r\mathrm{d}\theta,$$

$$\frac{1}{\sqrt{2\pi}}J_0(j_{0,l}r), \ \frac{1}{\sqrt{\pi}}J_n(j_{n,l}r)\cos n\theta, \ \frac{1}{\sqrt{\pi}}J_n(j_{n,l}r)\sin n\theta \quad (n\geqslant 1, l\geqslant 1)$$

构成 $L^2(B_1,\mathrm{d}x)$ 的完备标准正交基. 从而, 我们得到了 B_1 上所有的特征值和对应的特征函数.

习题 2.5

1. 求解如下带混合边值的 Laplace 算子特征值问题:

$$\begin{cases} -u''(x) = \lambda u(x), & x\in(0,\pi), \\ u(0) = u'(\pi) = 0. \end{cases}$$

2. 证明如下形式的 Poincaré 不等式: 设区域 $\Omega\subset\mathbb{R}^n$ 包含在带状区域 $\{|x_n|<1\}$ 内, 则 $\forall p\in[1,+\infty)$, 存在 $C>0$ 使得

$$\|u\|_{L^p(\Omega)} \leqslant C\|\nabla u\|_{L^p(\Omega)}, \quad \forall u\in C_c^\infty(\Omega),$$

其中

$$C_c^\infty(\Omega) := \{u\in C_c^\infty(\mathbb{R}^n): \operatorname{supp} u\subset\subset\Omega\}$$

3. 设 $\Omega\subset\mathbb{R}^n$ 为具有光滑边界的有界区域, $H_0^1(\Omega)$ 为 $C_0^\infty(\Omega)$ 在范数

$$\|u\|_{H^1} := \left(\|u\|^2_{L^2(\Omega)} + \|\nabla u\|^2_{L^2(\Omega)}\right)^{\frac{1}{2}}$$

下的完备化空间 [①]. 证明 Laplace 算子特征值问题

$$\begin{cases} -\Delta u = \lambda u, & x\in\Omega, \\ u(x) = 0, & x\in\partial\Omega \end{cases}$$

的特征函数系 $\{u_j\}$ 构成 $H_0^1(\Omega)$ 中的完备正交系.

4. 证明: (2.70) 中的特征函数 $\{u_k\}_{k=1}^\infty$ 构成 $L^2(\Omega)$ 的一组完备的标准正交基, 这里 $\Omega=(0,a)\times(0,b)\subset\mathbb{R}^2$.

---

① 也就是说, $H_0^1(\Omega)$ 是 Hilbert 空间, 且 $C_0^\infty(\Omega)$ 在该空间中稠密.

2.6 一般的椭圆型方程

本章的前 5 节详尽地讨论了调和方程及其解的性质, 而调和方程是一般的二阶椭圆型方程的特例, 反映了一般椭圆型方程的共性.

在研究坐标变换下的调和方程、Riemann 流形上的 Laplace-Beltrami (拉普拉斯 – 贝尔特拉米) 算子以及非均匀介质中的定常物理状态时, 均自然出现如下一般的椭圆型方程

$$\sum_{i,j=1}^{n} a_{ij}\partial_{x_i x_j}u + \sum_{i=1}^{n} b_i \partial_{x_i} u + cu = f(x), \quad x \in \Omega. \tag{2.72}$$

人们通常称 (2.72) 为非散度型的椭圆型方程. 为简便起见, 我们总假设 $a_{ij}, b_i, c, f \in C^{\infty}(\overline{\Omega})$ 且对称矩阵 (a_{ij}) 满足

$$\sum_{i,j=1}^{n} a_{ij}(x)\xi_i \xi_j \geqslant \lambda |\xi|^2, \quad \forall \xi \in \mathbb{R}^n, \ \forall x \in \overline{\Omega}, \tag{2.73}$$

其中 $\lambda > 0$ 为正常数. 虽然一般的椭圆型方程 (2.72) 形式上比调和方程复杂, 但依旧满足调和方程的许多重要性质.

首先, 我们列出一般椭圆型方程的极值原理的表述形式, 供读者参考和比较. 有兴趣的读者可以自行尝试给出证明.

定理 2.6.1 (弱极值原理) 设 $u \in C^2(\Omega) \cap C(\overline{\Omega})$ 满足 (2.72), $c(x) \leqslant 0$, $f(x) \geqslant 0$, $\forall x \in \Omega$, 则 u 的非负极大值在边界上达到, 即

$$\sup_{\Omega} u \leqslant \sup_{\partial\Omega} u^+,$$

其中 $u^+ = \max\{u, 0\}$.

注 2.6.1 定理 2.6.1 对应调和方程定理 2.3.1 的结论. 特别地, 若 $c(x) = 0$, 定理 (2.6.1) 中的 "非负极大值" 可以换为 "极大值".

定理 2.6.2 (Hopf 极值原理) 设 $u \in C^2(\Omega) \cap C(\overline{\Omega})$ 满足 (2.72), $c(x) \leqslant 0$, $f(x) \geqslant 0$, $\forall x \in \Omega$. 设 $x_0 \in \partial\Omega$ 使得

(1) $u(x_0) \geqslant 0$;

(2) $u(x_0) > u(x), \forall x \in \Omega$;

(3) Ω 在 x_0 处满足内球条件, 即存在包含于 Ω 的球 B, 使得 $x_0 \in \partial B$.

设 $\boldsymbol{n}$ 为 x_0 处的外法向量, 则

$$\liminf_{t \to 0^+} \frac{u(x_0) - u(x_0 - t\boldsymbol{\nu})}{t} > 0 \tag{2.74}$$

对任意 $\boldsymbol{\nu} \cdot \boldsymbol{n} > 0$ 成立.

注 2.6.2　定理 2.6.2 对应调和方程定理 2.3.2 的结论. 特别地, 若 $c(x) \equiv 0$, 则条件 $u(x_0) \geqslant 0$ 可以去掉.

注 2.6.3　定理 2.6.1 和定理 2.6.2 均可通过构造合适的闸函数, 类似调和方程定理 2.3.1 和定理 2.3.2 的方式加以证明.

事实上, 利用定理 2.6.2, 可以证明如下的强极值原理.

定理 2.6.3 (强极值原理)　设 $u \in C^2(\Omega) \cap C(\overline{\Omega})$ 满足 (2.72), $c(x) \leqslant 0$, $f(x) \geqslant 0$, $\forall x \in \Omega$. 若 u 在 Ω 内取到非负极大值, 则 u 必为常数.

注 2.6.4　对于调和方程的情形, 可利用调和函数的平均值性质给出强极值原理的证明, 但对于一般的椭圆型方程, 解不一定满足平均值性质, 需采用别的方法来证明.

在系数满足光滑性条件的时候, 一般椭圆型方程的梯度估计和 Harnack 不等式依然成立. 若要得到形如定理 1.2.4 的梯度估计, 则一般要对系数加额外的结构性条件 (对应于流形上的曲率有下界的条件), 这里就不具体展开了. 对如 (2.72) 的非散度型的椭圆型方程, 要得到类似于调和方程的 Harnack 不等式, 可以采用 Krylov-Safonov (克雷洛夫 – 萨弗诺夫) 估计技巧. 而对于如下散度型的椭圆型方程[①]

$$\sum_{i,j=1}^{n} \partial_{x_i}(a_{ij}\partial_{x_j}u) + \sum_{i=1}^{n} b_i\partial_{x_i}u + cu = f(x), \quad x \in \Omega, \tag{2.75}$$

要得到类似于调和方程的 Harnack 不等式, 采用的是 De Giorgi-Nash-Moser (德乔吉 – 纳什 – 莫泽) 迭代技巧. 通过建立梯度估计或者 Harnack 不等式, 可以对适当条件下的一般椭圆型方程给出全空间有界函数的 Liouville 型定理.

对一般的椭圆型方程, 也可以定义 Green 函数, 并且 Green 函数 $G(x,y)$ 在 $x = y$ 附近的奇异性和基本解 $\Gamma(x,y)$ 的奇异性是一致的. 如果系数具有解析性, (2.72) 的解也是解析的, 从而唯一延拓性成立. 一般来说, (2.72) 解的唯一延拓性可以在系数满足 Lipschitz 条件下得到, 并不需要用到系数的解析性这么强的性质.

---

① 显然, 散度型的椭圆型方程 (2.75) 与非散度型的椭圆型方程 (2.72) 可以根据需要, 互相转化.

第三章

热　方　程

热方程用于描述热的传导、物质的扩散等物理现象, 同时在几何、调和分析、概率论等数学分支以及图像处理、金融数学、人工智能、数据科学等新兴学科具有广泛的应用. 3.1 节首先介绍热方程及定解问题的推导, 然后研究几个热方程的特殊解. 3.2 节介绍分离变量法及齐次化原理 (Duhamel's principle), 并运用这些方法求解热方程的初边值问题 (initial-boundary value problem). 3.3 节首先介绍 Fourier 变换的基本性质, 然后利用该变换求解全空间热方程的 Cauchy 问题. 3.4 节介绍热方程解的性质, 包括极值原理, Harnack 不等式, 渐近性态等. 3.5 节介绍能量方法及其应用. 3.6 节简单介绍一般的抛物型方程的定解问题及其解的性质.

3.1 方程的物理背景和定解问题

令光滑函数 $u(t,x)$ 表示物体内 t 时刻 x 位置处的温度, 我们希望描述物体温度 $u(t,x)$ 随热量传导而变化的规律. 为方便起见, 假设物体是均匀的、各向同性的, 其密度 ρ、比热容 c 均为正常数. 我们先考虑一个小区域 V 内热量的变化, 对任意选取的两个时间 $t_2 > t_1$, 其热量的增量为

$$\int_V \rho c u(t_2, x)\mathrm{d}x - \int_V \rho c u(t_1, x)\mathrm{d}x = \int_{t_1}^{t_2}\int_V \rho c \partial_t u(t,x)\mathrm{d}x\mathrm{d}t.$$

如不考虑内部热源, 则上述热量的增量与边界 ∂V 上流入的热量

$$-\int_{t_1}^{t_2}\int_{\partial V} \boldsymbol{q}\cdot\boldsymbol{n}\mathrm{d}S$$

相等. 这里 $\boldsymbol{n}$ 是 ∂V 的外法向量, $\boldsymbol{q}$ 是热量传导的流向量. 根据 Fourier 实验定律: 热量沿着其变化最大的方向 (即梯度方向) 由高向低流动, 且有

$$\boldsymbol{q} = -k\nabla u, \quad k > 0.$$

于是, 利用 Gauss-Green 公式可得

$$\int_{t_1}^{t_2}\int_V \rho c \partial_t u(t,x)\mathrm{d}x\mathrm{d}t = \int_{t_1}^{t_2}\int_V k\Delta u \mathrm{d}x\mathrm{d}t.$$

注意到这里 t_1, t_2 和区域 V 的任意性, 就得到了热方程:

$$\partial_t u - a^2\Delta u = 0, \tag{3.1}$$

其中 $a = \sqrt{\dfrac{k}{\rho c}} > 0$.

类似地, 若系统内部具有热源, 即在 t 时刻 x 位置处单位体积上产生热量 $F(t,x)$, 则

可得到非齐次热方程

$$\partial_t u - a^2 \Delta u = f(t,x), \tag{3.2}$$

其中 $f(t,x) = \dfrac{F(t,x)}{\rho c}$.

为了叙述方便, 我们考察热方程 (3.1) 或 (3.2) 时, 总不妨假设 $a = 1$, 否则作时间变量代换 $\bar{t} = a^2 t$, 则在 $(\bar{t}, x)$ 坐标下可化为 $a = 1$ 情形下的热方程.

给定合适的初值条件

$$u|_{t=0} = \varphi, \tag{3.3}$$

在全空间上考虑热方程 (3.1) 或 (3.2) 的定解问题, 就是热方程的 **Cauchy 问题**.

像上一章的调和方程一样, 如果我们想在一个有界区域 $\Omega \subset \mathbb{R}^n$ 上研究 (3.1), 那么我们还需要在边界 $\partial\Omega$ 上给定合适的条件. 若在 $\partial\Omega$ 上每个点 $x \in \partial\Omega$ 都给定温度 $g(t,x)$, 则得到第一类边界条件 (Dirichlet 边界条件)

$$u|_{\partial\Omega} = g. \tag{3.4}$$

特别地, 若 g 是常数, (3.4) 指边界上温度保持不变, 则称为**恒温条件**.

若知道传导出边界的热量 $\boldsymbol{q} \cdot \boldsymbol{n}$, 则可以再次利用 Fourier 定律得到第二类边界条件 (Neumann 边界条件)

$$\left.\frac{\partial u}{\partial \boldsymbol{n}}\right|_{\partial\Omega} = g. \tag{3.5}$$

特别地, $\left.\dfrac{\partial u}{\partial \boldsymbol{n}}\right|_{\partial\Omega} = 0$ 是指热量既不流出也不流入 $\partial\Omega$, 称为**绝热条件**.

如果我们所讨论的物体在边界上接触温度为 u_* 的另一种物体, 由于热量的流量一般与温度差成正比, 即有

$$\left.\frac{\partial u}{\partial \boldsymbol{n}}\right|_{\partial\Omega} = \sigma(u_* - u).$$

此即第三类边界条件 (Robin 边界条件)

$$\left(\frac{\partial u}{\partial \boldsymbol{n}} + \sigma u\right)\bigg|_{\partial\Omega} = g, \tag{3.6}$$

其中 $\sigma > 0$ 表示若外界物体温度较高, 则热量由外向内流入.

在 (3.4), (3.5), (3.6) 中的一个边界条件以及初值条件 (3.3) 下考虑方程 (3.1) 或 (3.2) 的定解问题, 就是热方程的初边值问题. 在本章的后续内容中, 我们希望讨论这些定解问题的适定性和解所满足的重要性质. 为了给大家提供一个直观的认识, 我们首先来看几个特解.

例 3.1.1 在 $t > 0$ 时, 考虑满足一维热方程 $\partial_t u - \partial_x^2 u = 0$ 的解. 直接计算易得

$$u(t,x) = \frac{1}{2\sqrt{\pi t}} \mathrm{e}^{-\frac{|x|^2}{4t}} \tag{3.7}$$

是一个解. 在 $t > 0$ 时, 这是一个光滑的 Gauss 函数[①], 而在 $t \to 0^+$ 时它显然具有奇性. 事实上, 在适当的 (广义函数) 意义下我们可以说明此极限是 Dirac 函数. (3.7) 实际上就是一维热方程的基本解. 在 3.2 节, 我们将进一步讨论基本解.

例 3.1.2 对任意的 $A, B, C \in \mathbb{R}$, $B > 0$, 函数

$$u(t,x) = \frac{A}{2\sqrt{\pi(t+B)}} \mathrm{e}^{-\frac{x^2}{4(t+B)}} + C \tag{3.8}$$

是一维热方程 $\partial_t u - \partial_x^2 u = 0$ 的一个特解, 它的初值为

$$u(0,x) = \frac{A}{2\sqrt{\pi B}} \mathrm{e}^{-\frac{x^2}{4B}} + C.$$

当 $A > 0$ 时,

$$\max_{x \in \mathbb{R}} u(t,x) = \frac{A}{2\sqrt{\pi(t+B)}} + C < \max_{x \in \mathbb{R}} u(0,x) = \frac{A}{2\sqrt{\pi B}} + C,$$

$$\inf_{x \in \mathbb{R}} u(t,x) = C = \inf_{x \in \mathbb{R}} u(0,x).$$

$A < 0$ 也可类似讨论. 由此, 我们注意到这一特解的极值总在初值取到.

当 $C = 0$ 时, 初值 $u(0,x)$ 是 $\mathbb{R}$ 上的可积函数,

$$\int_{\mathbb{R}} u(0,x)\mathrm{d}x = A. \tag{3.9}$$

我们发现, 这时解 $u(t,x)$ 关于空间变量的 L^∞ 范数

$$\|u(t,\cdot)\|_{L^\infty(\mathbb{R})} = \frac{|A|}{2\sqrt{\pi(t+B)}}$$

不仅是有界的, 而且随着 $t \to +\infty$ 以 $t^{-\frac{1}{2}}$ 的速度衰减.

例 3.1.3 考虑一维热方程的初边值问题

$$\begin{cases} \partial_t u = \partial_x^2 u, & (t,x) \in (0,+\infty) \times (0,\pi), \\ u(0,x) = \sin kx, & x \in (0,\pi), \\ u(t,0) = u(t,\pi) = 0, & t \in (0,+\infty), \end{cases} \tag{3.10}$$

其中 $k \in \mathbb{Z}$. 易见

$$u(t,x) = \mathrm{e}^{-k^2 t} \sin kx$$

是该定解问题的解. 当 $k \neq 0$ 时, 由于 k^2 是正整数, 它的 L^∞ 范数关于 $t \to +\infty$ 是指数衰减的,

$$\|u(t,\cdot)\|_{L^\infty(0,\pi)} \leqslant \mathrm{e}^{-k^2 t} \|u(0,\cdot)\|_{L^\infty(0,\pi)}.$$

---

① 以 0 为均值, $2t$ 为方差的 Gauss 分布 (正态分布) 的密度函数.

习题 3.1

1. 验证

$$u(t,x) = \frac{1}{(4\pi t)^{\frac{n}{2}}} e^{-\frac{|x|^2}{4t}}$$

为 $(0,+\infty) \times \mathbb{R}^n$ 上热方程 $\partial_t u = \Delta u$ 的解.

2. 推导具有热源情形的热方程 (3.2).

3. 若

$$u(t,x) = \sum_{i=1}^{N} a_i(x) t^i$$

满足热方程 $\partial_t u = \Delta u$, 确定 $a_i(x)$ 满足的方程.

3.2 分离变量法和初边值问题解的存在性

本节我们用分离变量法来求解热方程的初边值问题. 记 $I = (0,L)$. 首先考虑带 Dirichlet 边界条件的一维热方程的初边值问题:

$$\begin{cases} \partial_t u - \partial_x^2 u = 0, & (t,x) \in (0,+\infty) \times I, \\ u(0,x) = \varphi(x), & x \in I, \\ u(t,0) = u(t,L) = 0, & t \in (0,+\infty), \end{cases} \tag{3.11}$$

其中 $\varphi(x) \in C^2(I) \cap C(\bar{I})$ 满足 C^0 相容性条件

$$\varphi(0) = 0, \ \varphi(L) = 0,$$

以确保初值 φ 及边界条件与解在时空的共同边界处均取值相同. 若 $\varphi \in C^2(\bar{I})$, 则我们可进一步要求 C^2 相容性条件

$$\varphi''(0) = \varphi''(L) = 0,$$

即初值与解的二阶导数在时空共同边界处取值相同. 一般而言, 较强的相容性条件可以保证解具有较好的正则性, 当相容性条件不满足时, 我们往往仅能得到较弱意义下的解. 对热方程, 下文中我们仅要求 C^0 相容性条件.

分离变量法的第一步是寻找其如下变量分离形式的非零特解:

$$u(t,x) = T(t)X(x),$$

把这一特解代入方程可得

$$T'(t)X(x) - T(t)X''(x) = 0.$$

当 $T(t)X(x) \neq 0$ 时,

$$\frac{T'(t)}{T(t)} = \frac{X''(x)}{X(x)}.$$

注意到这时等式左边仅是 t 的函数, 右边仅是 x 的函数, 两者相等当且仅当等式两边均为常数, 即存在常数 $-\lambda \in \mathbb{R}$ 使得

$$\frac{T'(t)}{T(t)} = -\lambda = \frac{X''(x)}{X(x)}.$$

当 $\lambda = 0$ 时, 可得 $X(x) = C_0 + C_1 x$, 考虑到边界条件, 易见此时没有非零解 $X(x)$; 当 $\lambda < 0$ 时, 类似可得也没有非零解 $X(x)$; 当 $\lambda > 0$ 时, 可得 $T(t) = T_0 \mathrm{e}^{-\lambda t}$, $X(x) = C_1 \sin \sqrt{\lambda} x + C_2 \cos \sqrt{\lambda} x$.

考虑到边界条件, 可得非平凡且满足 (3.11) 中边界条件的特解为

$$u_k(t,x) = C_k \mathrm{e}^{-\lambda_k t} \sin \sqrt{\lambda_k} x, \ \lambda_k = \left(\frac{k\pi}{L}\right)^2, \ k \in \mathbb{N}_+.$$

利用方程和边界条件的线性性质, 我们知道对 $a_k \in \mathbb{R}$, 这组特解的有限项线性组合

$$u(t,x) = \sum_{k=1}^{K} a_k \mathrm{e}^{-\lambda_k t} \sin \sqrt{\lambda_k} x$$

也是初边值问题 (3.11) 满足边界条件的特解, 其对应的初值为

$$u(0,x) = \sum_{k=1}^{K} a_k \sin \frac{k\pi x}{L}.$$

自然地, 为了求解 (3.11), 我们需选取适当的系数 a_k, 使得 $u(0,x) = \varphi(x)$. 将 $\varphi(x)$ 展开为如下的 Fourier 级数

$$\varphi(x) = \sum_{k=1}^{\infty} \varphi_k \sin \frac{k\pi x}{L}, \tag{3.12}$$

其中 φ_k 由下式给出:

$$\varphi_k = \frac{2}{L} \int_0^L \varphi(x) \sin \frac{k\pi x}{L} \mathrm{d}x. \tag{3.13}$$

由定理 2.5.1 可知, 当 $\varphi \in C^2(\bar{I})$ 时, 级数 (3.12) 是一致收敛的. 因此, 若级数

$$u(t,x) = \sum_{k=1}^{\infty} a_k \mathrm{e}^{-\lambda_k t} \sin \sqrt{\lambda_k} x \tag{3.14}$$

在 $(0,+\infty) \times (0,L)$ 上 C^2 内闭一致收敛, 且 $\lim_{t \to 0} u(t,x) = \varphi(x)$, $x \in I$, 则它给出了定解问题 (3.11) 的一个解.

命题 3.2.1 在 (3.14) 中, 令 $a_k = \varphi_k$, $k \geqslant 1$. 当 $\varphi \in C^0([0, L])$ 时, (3.14) 及其导数在 $(0, +\infty) \times [0, L]$ 上内闭一致收敛.

证明 当 $\varphi \in C^0([0, L])$ 时, $\varphi(x) = \sum_{k=1}^{\infty} \varphi_k \sin \sqrt{\lambda_k} x$, 其中 φ_k 由 (3.13) 给出. 我们有

$$|a_k| = |\varphi_k| \leqslant \frac{2}{L} \int_0^L \|\varphi\|_{C^0([0,L])} \mathrm{d}x = 2\|\varphi\|_{C^0([0,L])}, \quad \forall k \in \mathbb{N}_+.$$

任取 $0 < \delta < M$, 可以验证, 级数

$$\sum_{k=1}^{\infty} \left| a_k \mathrm{e}^{-\lambda_k t} \sin \sqrt{\lambda_k} x \right| \leqslant \sum_{k=1}^{\infty} \mathrm{e}^{-\lambda_k t} |a_k| \leqslant 2\|\varphi\|_{C^0([0,L])} \sum_{k=1}^{\infty} \mathrm{e}^{-\lambda_k \delta}$$

$$\leqslant 2\|\varphi\|_{C^0([0,L])} \mathrm{e}^{-\lambda_1 \delta} \sum_{k=1}^{\infty} \mathrm{e}^{(\lambda_1 - \lambda_k)\delta}, \qquad \forall t \geqslant \delta, \ \forall x \in [0, L].$$

故级数 $\sum_k a_k \mathrm{e}^{-\lambda_k t} \sin \sqrt{\lambda_k} x$ 在 $(0, \infty) \times [0, L]$ 上内闭一致收敛. 同理可验证

$$\sum_{k=1}^{\infty} a_k (-\lambda_k) \mathrm{e}^{-\lambda_k t} \sin \sqrt{\lambda_k} x, \quad \sum_{k=1}^{\infty} a_k \sqrt{\lambda_k} \mathrm{e}^{-\lambda_k t} \cos \sqrt{\lambda_k} x$$

都在 $(0, +\infty) \times [0, L]$ 上内闭一致收敛. $\qquad \square$

命题 3.2.2 在 (3.14) 中, 令 $a_k = \varphi_k$, $k \geqslant 1$. 若 $\varphi \in C^0([0, L])$, 则 $\lim_{t \to 0^+} \|u(t, \cdot) - \varphi\|_{L^2(0,L)} = 0$.

证明 由表达式 (3.12), (3.14), 我们有

$$u(t, x) - \varphi(x) = \sum_{k=1}^{\infty} a_k \mathrm{e}^{-\lambda_k t} \sin \sqrt{\lambda_k} x - \sum_{k=1}^{\infty} a_k \sin \sqrt{\lambda_k} x$$

$$= \sum_{k=1}^{\infty} a_k (\mathrm{e}^{-\lambda_k t} - 1) \sin \sqrt{\lambda_k} x.$$

因此

$$\|u(t, \cdot) - \varphi\|_{L^2(0,L)}^2 = \sum_{k=1}^{\infty} |a_k|^2 (1 - \mathrm{e}^{-\lambda_k t})^2 \int_0^L \sin^2 \sqrt{\lambda_k} x \mathrm{d}x$$

$$= \frac{L}{2} \sum_{k=1}^{\infty} |a_k|^2 (1 - \mathrm{e}^{-\lambda_k t})^2$$

$$= \frac{L}{2} \sum_{k \geqslant N} |a_k|^2 (1 - \mathrm{e}^{-\lambda_k t})^2 + \frac{L}{2} \sum_{k < N} |a_k|^2 (1 - \mathrm{e}^{-\lambda_k t})^2$$

$$\leqslant \frac{L}{2} \sum_{k \geqslant N} |a_k|^2 + \frac{L}{2} \sum_{k < N} |a_k|^2 (1 - \mathrm{e}^{-\lambda_{N-1} t})^2.$$

由于 $\varphi \in C^0([0,L]) \subset L^2(0,L)$, 我们有

$$\|\varphi\|_{L^2(0,L)}^2 = \frac{L}{2} \sum_{k=1}^{\infty} |a_k|^2 < \infty.$$

因此 $\forall \varepsilon > 0$, 先选取 N 充分大, 使得 $\displaystyle\sum_{k \geqslant N} |a_k|^2 < \varepsilon$, 再选取 t 充分小, 使得 $(1 - \mathrm{e}^{-\lambda_{N-1}t})^2 < \varepsilon$, 由此就得到了

$$\|u(t,\cdot) - \varphi\|_{L^2(0,L)} \to 0, \quad t \to 0^+. \qquad \square$$

命题 3.2.3 在 (3.14) 中, 令 $a_k = \varphi_k, k \geqslant 1$. 若 $\varphi \in C^1([0,L])$ 满足 C^0 相容性条件 $\varphi(0) = \varphi(L) = 0$, 则

$$\lim_{t \to 0^+} \|u(t,\cdot) - \varphi\|_{C^0([0,L])} = 0.$$

证明 由 Fourier 级数理论, 当 $\varphi \in C^1([0,L])$ 且 $\varphi(0) = \varphi(L) = 0$ 时, 其 Fourier 展开式 (3.12) 满足

$$\sum_{k=1}^{\infty} |a_k| \leqslant \sqrt{\sum_{k=1}^{\infty} |a_k|^2 k^2 \cdot \sum_{k=1}^{\infty} \frac{1}{k^2}} < +\infty.$$

所以

$$
\begin{aligned}
|u(t,x) - \varphi(x)| &= \left| \sum_k a_k (\mathrm{e}^{-\lambda_k t} - 1) \sin \sqrt{\lambda_k} x \right| \\
&\leqslant \sum_{k \geqslant N} \left| a_k (\mathrm{e}^{-\lambda_k t} - 1) \sin \sqrt{\lambda_k} x \right| + \sum_{k < N} \left| a_k (\mathrm{e}^{-\lambda_k t} - 1) \sin \sqrt{\lambda_k} x \right| \\
&\leqslant \sum_{k \geqslant N} |a_k| + \sum_{k < N} |a_k| (1 - \mathrm{e}^{-\lambda_k t}).
\end{aligned}
$$

类似地, $\forall \varepsilon > 0$, 先选取 N 充分大, 再选取 t 充分小, 可以使上面两项都被 ε 所控制, 从而得到

$$\lim_{t \to 0^+} \|u(t,\cdot) - \varphi\|_{C^0([0,L])} = 0. \qquad \square$$

进一步地, 若 $\varphi \in C^3([0,L])$ 满足 C^2 相容性条件

$$\varphi(0) = \varphi(L) = 0, \quad \varphi''(0) = \varphi''(L) = 0,$$

可以证明形式解 (3.14) 为原问题的经典解, 即 $u \in C_t^1 C_x^2$ 在 $[0, +\infty) \times [0,L]$ 上逐点满足方程和初边值条件.

在上述求解过程中, 我们实际上是以一组特殊的函数作为初值并得到了此特殊定解问题的解. 特别地, 如果这组初值可以构成适当函数空间的一组基, 即它们的线性组合给出的级数可以在一个适当意义下收敛到一般的初值, 那么利用定解问题的线性性质, 即可得到一般初值对应的定解问题的解. 从这个观点出发, 我们也可以利用 2.5 节的结果, 找

到定义在 $\mathbb{R}^n$ 中有界区域 Ω 上函数的一组基, 从而求解热方程在有界区域 Ω 上的初边值问题.

设 $\Omega \subset \mathbb{R}^n$ 是一个有界区域, $\partial\Omega$ 是 C^2 光滑的, 考虑如下的热方程的初边值问题:

$$\begin{cases} \partial_t u - \Delta u = 0, & (t,x) \in (0,+\infty) \times \Omega, \\ u(0,x) = \varphi(x), & x \in \Omega, \\ u(t,x) = 0, & (t,x) \in (0,+\infty) \times \partial\Omega, \end{cases} \tag{3.15}$$

其中 $\varphi \in C^2(\Omega) \cap C^1(\overline{\Omega})$ 满足相容性条件

$$\varphi|_{\partial\Omega} = 0.$$

为了像一维情形那样将 $\varphi(x)$ 展开为级数, 我们可以利用 2.5 节的结论. 若 (λ_k, u_k) 是 Ω 上具有 Dirichlet 边界条件的 $-\Delta$ 算子的特征对, 取 u_k 为初边值问题的特殊初值. 注意到特征函数 u_k 满足

$$\begin{cases} -\Delta u_k = \lambda_k u_k, \\ u_k|_{\partial\Omega} = 0, \\ \displaystyle\int_\Omega u_k^2(x)\mathrm{d}x = 1. \end{cases}$$

因此, 以 u_k 为初值的齐次 Dirichlet 初边值问题的解具有变量分离形式 $\mathrm{e}^{-\lambda_k t} u_k(x)$.

形式上, 由于

$$\varphi(x) = \sum_{k=1}^{\infty} \varphi_k u_k(x),$$

其中 $\varphi_k = \displaystyle\int_\Omega \varphi(x) u_k(x)\mathrm{d}x$, 可知

$$u(t,x) = \sum_{k=1}^{\infty} \varphi_k \mathrm{e}^{-\lambda_k t} u_k(x)$$

就是初边值问题 (3.15) 的形式解[①].

当考虑区域内部有热源的情况时, 我们需要处理非齐次方程的初边值问题, 如

$$\begin{cases} \partial_t u - \Delta u = f(t,x), & (t,x) \in (0,+\infty) \times \Omega, \\ u(0,x) = \varphi(x), & x \in \Omega, \\ u(t,x) = 0, & (t,x) \in (0,+\infty) \times \partial\Omega. \end{cases} \tag{3.16}$$

为此, 我们介绍齐次化原理, 也称 Duhamel (杜阿梅尔) 原理, 它是处理非齐次线性偏微分方程的一般性方法.

---

① 由椭圆型方程理论关于特征函数的估计, 上述级数一致收敛, 故 u 就是热方程的解.

考察一维情形. 先分析具零初边值的如下非齐次热方程定解问题:

$$\begin{cases} \partial_t u - \partial_x^2 u = f(t,x), & (t,x) \in (0,+\infty) \times I, \\ u(0,x) = 0, & x \in I, \\ u(t,0) = u(t,L) = 0, & t \in (0,+\infty). \end{cases} \tag{3.17}$$

记 $w = w(t,x;\tau)$ 是一组以参数 $\tau > 0$ 为初始时刻, 以 $f(\tau,x)$ 为相应初值的齐次热方程的初边值问题

$$\begin{cases} \partial_t w - \partial_x^2 w = 0, & (t,x) \in (\tau,+\infty) \times I, \\ w(\tau,x;\tau) = f(\tau,x), & x \in I, \\ w(t,0;\tau) = w(t,L;\tau) = 0, & t \in (\tau,+\infty) \end{cases} \tag{3.18}$$

的解. 由 (3.15) 的求解过程, 我们要求 $f(t,x) \in C_t C_x^2([0,+\infty) \times \bar{I})$ 且满足相容性条件

$$f(t,0) = f(t,L) = 0.$$

由 (3.14),

$$w(t,x;\tau) = \sum_{k=1}^{\infty} f_k(\tau) e^{-\lambda_k(t-\tau)} \sin\sqrt{\lambda_k}x,$$

其中

$$f_k(\tau) = \frac{2}{L} \int_0^L f(\tau,x) \sin\frac{k\pi x}{L} dx,$$

$$\lambda_k = \left(\frac{k\pi}{L}\right)^2.$$

下面我们说明 (3.17) 的解可写为

$$u(t,x) = \int_0^t w(t,x;\tau) d\tau = \int_0^t \sum_{k=1}^{\infty} f_k(\tau) e^{-\lambda_k(t-\tau)} \sin\sqrt{\lambda_k}x d\tau. \tag{3.19}$$

事实上, 由相应级数收敛的一致性可得

$$(\partial_t - \partial_x^2)u(t,x) = w(t,x;t) + \int_0^t (\partial_t - \partial_x^2)w(t,x;\tau) d\tau.$$

注意到 $w(t,x;\tau)$ 是 (3.18) 的解, 即有

$$(\partial_t - \partial_x^2)u(t,x) = f(t,x),$$

而 $u(t,x)$ 满足初边值是显然的. 从而 (3.19) 给出了问题 (3.17) 的解.

对非零初值问题

$$\begin{cases} \partial_t u - \partial_x^2 u = f(t,x), & (t,x) \in (0,+\infty) \times I, \\ u(0,x) = \varphi(x), & x \in I, \\ u(t,0) = u(t,L) = 0, & t \in (0,+\infty), \end{cases} \tag{3.20}$$

我们可以利用方程的线性性质将齐次方程具一般初值问题的解与非齐次方程具零初值问题对应的解叠加, 即得到 (3.20) 的解:

$$u(t,x) = \sum_{k=1}^{\infty} \varphi_k \mathrm{e}^{-\lambda_k t} \sin \sqrt{\lambda_k} x + \int_0^t \sum_{k=1}^{\infty} f_k(\tau) \mathrm{e}^{-\lambda_k(t-\tau)} \sin \sqrt{\lambda_k} x \mathrm{d}\tau,$$

其中

$$\lambda_k = \left(\frac{k\pi}{L}\right)^2,$$

$$\varphi_k = \frac{2}{L} \int_0^L \varphi(x) \sin \frac{k\pi x}{L} \mathrm{d}x,$$

$$f_k(\tau) = \frac{2}{L} \int_0^L f(\tau,x) \sin \frac{k\pi x}{L} \mathrm{d}x.$$

形式上, 我们可以从微元法的角度解释上述齐次化原理的过程: 我们把时间区间 $[0,t]$ 分成若干段

$$0 = \tau_0 < \tau_1 < \tau_2 < \cdots < \tau_N = t,$$

在时间区间 $[\tau_k, \tau_{k+1}]$ 上我们把热源 $f(t,x)$ 的持续影响近似地看作系统在 τ_k 时刻受热 $f(\tau_k,x)\Delta\tau_k$ $(\Delta\tau_k = \tau_{k+1} - \tau_k)$. 若只考虑在 τ_k 时刻以 $f(\tau_k,x)\Delta\tau_k$ 为初值的热方程, 我们得到相应的解 $w(t,x;\tau_k)\Delta\tau_k$, 由方程的线性性质, 把各时段的解叠加可得

$$\sum_{k=0}^{N-1} w(t,x;\tau_k)\Delta\tau_k$$

是近似解. 令 $\max\limits_{k=0,1,\cdots,N-1} \Delta\tau_k \to 0$, 即得极限 $\int_0^t w(t,x;\tau)\mathrm{d}\tau$. 从而 (3.19) 是问题 (3.17) 的解[①].

习题 3.2

1. 利用分离变量法求解初边值问题

$$\begin{cases} \partial_t u = a^2 \partial_x^2 u, & (t,x) \in (0,+\infty) \times I, \\ u(0,x) = \varphi(x), & x \in I, \\ \partial_x u(t,0) = \partial_x u(t,L) = 0, & t \in (0,+\infty), \end{cases}$$

[①]　对于高维情形, 热方程的 Duhamel 原理也成立.

其中 φ 满足 C^1 相容性条件 $\varphi'(0) = \varphi'(L) = 0$, 常数 $a > 0$.

2. 求解初边值问题

$$\begin{cases} \partial_t u = \partial_x^2 u - k(u - c), & (t, x) \in (0, +\infty) \times (0, 1), \\ u(0, x) = \varphi(x), & x \in (0, 1), \\ u(t, 0) = u(t, 1) = c, & t \in (0, +\infty), \end{cases}$$

其中 $k, c \in \mathbb{R}$ 为常数, $\varphi \in C^2([0, 1])$ 满足相容性条件 $\varphi(0) = \varphi(1) = c$. (提示: 作未知函数的变量代换 $u(t, x) = c + v(t, x)\mathrm{e}^{-kt}$.)

3. 求解初边值问题

$$\begin{cases} \partial_t u = \partial_x^2 u, & (t, x) \in (0, +\infty) \times (0, \pi), \\ u(0, x) = \varphi(x), & x \in (0, \pi), \\ u(t, 0) = 0, & t \in (0, +\infty), \\ \partial_x u(t, \pi) = 1, & t \in (0, +\infty), \end{cases}$$

其中 $\varphi \in C^2([0, \pi])$ 满足 C^1 相容性条件 $\varphi(0) = 0$, $\varphi'(\pi) = 1$. (提示: $u^*(t, x) = x$ 是热方程满足相应边界条件的一个特解.)

*4. 利用 2.5 节中 Bessel 函数的性质, 求解 2 维单位圆盘 $B_1 \subset \mathbb{R}^2$ 内热方程的初边值问题

$$\begin{cases} \partial_t u - \Delta u = 0, & (t, x) \in (0, +\infty) \times B_1, \\ u(0, x) = \varphi(x), & x \in B_1, \\ u(t, x) = 0, & (t, x) \in (0, +\infty) \times \partial B_1, \end{cases}$$

其中 $\varphi \in C^2(\overline{B_1})$ 满足 $\varphi|_{\partial B_1} = 0$.

5. 求解非齐次热方程的初边值问题

$$\begin{cases} \partial_t u - \partial_x^2 u = \cos x, & (t, x) \in (0, +\infty) \times (0, 2\pi), \\ u(0, x) = \cos 2x, & x \in (0, 2\pi), \\ \partial_x u(t, 0) = \partial_x u(t, 2\pi) = 0, & t \in (0, +\infty). \end{cases}$$

*6. 求解初边值问题

$$\begin{cases} \partial_t u - \partial_x^2 u + u = 0, & (t, x) \in (0, +\infty) \times (0, L), \\ u(0, x) = 0, & x \in (0, L), \\ u(t, 0) = 0, & t \in (0, +\infty), \\ \partial_x u(t, L) + u(t, L) = \alpha, & t \in (0, +\infty), \end{cases}$$

其中 α 是常数. (提示: 作未知函数的变量代换 $u(t, x) = \varphi(x) + v(t, x)\mathrm{e}^{-t}$, 再考虑 $\varphi(x)$ 应该满足的条件.)

3.3 Fourier 变换和 Cauchy 问题解的存在性

本节第一部分介绍 Fourier 变换及其性质, 第二部分利用 Fourier 变换求解齐次热方程的 Cauchy 问题.

3.3.1 Fourier 变换及其性质

在上一节中, 我们利用分离变量法求解了热方程的初边值问题. 我们利用了 Fourier 级数 (或 $-\Delta$ 算子的特征函数) 将初值展开, 然后求解以特征函数为初值的热方程的初边值问题, 最后利用问题的线性性质将这一组解重新线性组合起来得到原来问题的解.

这一过程启发我们用相近的方法处理热方程的 Cauchy 问题. 虽然在全空间 $\mathbb{R}^n$ 上我们没有 Fourier 级数, 但我们可以利用与它性质密切相关的 Fourier 变换.[①]

我们首先引入一类特殊的函数空间 $\mathcal{S}(\mathbb{R}^n)$. 若函数 $\varphi(x) \in C^\infty(\mathbb{R}^n)$ 满足:

$$\lim_{|x| \to \infty} (1 + |x|^l)|\partial_x^\alpha \varphi(x)| = 0, \quad \forall l \in \mathbb{N}, \quad \forall \alpha = (\alpha_1, \alpha_2, \cdots, \alpha_n) \in \mathbb{N}^n,$$

其中 $\partial_x^\alpha = \partial_{x_1}^{\alpha_1} \partial_{x_2}^{\alpha_2} \cdots \partial_{x_n}^{\alpha_n}$, 则称 $\varphi(x)$ 为**速降函数**. 我们将速降函数的全体组成的线性空间称为 Schwartz (施瓦茨) 空间, 记为 $\mathcal{S}(\mathbb{R}^n)$.

设 $\varphi_k, \varphi \in \mathcal{S}(\mathbb{R}^n)$. 我们称 $\{\varphi_k\}$ 在 $\mathcal{S}(\mathbb{R}^n)$ 中收敛到 φ 当且仅当对任意的 $l \in \mathbb{N}$ 及任意的多重指标 α, 成立

$$\lim_{k \to +\infty} \sup_{x \in \mathbb{R}^n} (1 + |x|^l)|\partial_x^\alpha (\varphi_k - \varphi)(x)| = 0.$$

记为 $\varphi_k \xrightarrow{\mathcal{S}(\mathbb{R}^n)} \varphi$.

例 3.3.1 由速降函数的定义易知具有紧支集的 C^∞ 函数空间 $C_0^\infty(\mathbb{R}^n) \subset \mathcal{S}(\mathbb{R}^n)$, $\mathrm{e}^{-|x|^2} \in \mathcal{S}(\mathbb{R}^n)$.

若 $f \in \mathcal{S}(\mathbb{R}_x^n)$, $g \in \mathcal{S}(\mathbb{R}_\xi^n)$, 我们可如下定义 Fourier 变换:

$$F[f](\xi) = \int_{\mathbb{R}^n} f(x)\mathrm{e}^{-\mathrm{i}\xi \cdot x}\mathrm{d}x,$$

以及 Fourier 逆变换

$$F^{-1}[g](x) = \frac{1}{(2\pi)^n} \int_{\mathbb{R}^n} g(\xi)\mathrm{e}^{\mathrm{i}\xi \cdot x}\mathrm{d}\xi.$$

为了更好地利用 Fourier 变换, 我们首先给出它的几个基本性质.

---

① Fourier 级数与 Fourier 变换都可以看作是函数在时域与频域中的相互转化, 它们的更多性质和它们之间关系的更多讨论可以参见 [15].

1. 线性性质 (Fourier 逆变换同样成立).

命题 3.3.1　对任意的 $f_1, f_2 \in \mathcal{S}(\mathbb{R}^n)$ 及 $a, b \in \mathbb{C}$, 我们有

$$F[af_1 + bf_2] = aF[f_1] + bF[f_2].$$

2. 导数的 Fourier 变换与 Fourier 变换的导数.

命题 3.3.2　若 $f \in \mathcal{S}(\mathbb{R}^n)$, 则有

$$F[\partial_x^\alpha f](\xi) = (\mathrm{i}\xi)^\alpha F[f](\xi),$$

其中 $\alpha = (\alpha_1, \alpha_2, \cdots, \alpha_n)$ 为多重指标, $|\alpha| = \alpha_1 + \alpha_2 + \cdots + \alpha_n$, $\xi^\alpha = \xi_1^{\alpha_1} \xi_2^{\alpha_2} \cdots \xi_n^{\alpha_n}$.

证明　我们只需要对 $\partial_{x_1} f$ 证明结论成立即可. 利用 Fourier 变换的定义, 并使用分部积分, 我们可以得到

$$
\begin{aligned}
F[\partial_{x_1} f](\xi) &= \int_{\mathbb{R}^n} \partial_{x_1} f(x) \mathrm{e}^{-\mathrm{i}\xi \cdot x} \mathrm{d}x \\
&= \int_{\mathbb{R}^{n-1}} \mathrm{e}^{-\mathrm{i}\xi \cdot x} f(x)|_{x_1=-\infty}^{x_1=+\infty} \mathrm{d}x_2 \mathrm{d}x_3 \cdots \mathrm{d}x_n - (-\mathrm{i}\xi_1) \int_{\mathbb{R}^n} f(x) \mathrm{e}^{-\mathrm{i}\xi \cdot x} \mathrm{d}x \\
&= \mathrm{i}\xi_1 F[f](\xi).
\end{aligned}
$$
$\square$

类似地, 我们可以证明

命题 3.3.3　若 $f(x) \in \mathcal{S}(\mathbb{R}^n)$, 则有

$$F[x^\alpha f(x)](\xi) = \mathrm{i}^\alpha \partial_\xi^\alpha (F[f](\xi)).$$

推论 3.3.1　Fourier 变换和 Fourier 逆变换是 $\mathcal{S}(\mathbb{R}^n)$ 到 $\mathcal{S}(\mathbb{R}^n)$ 的同构.

证明　任取 $f \in \mathcal{S}(\mathbb{R}^n)$, 由命题 3.3.2 和命题 3.3.3 知, 对于任意的多重指标 α, β, 成立

$$\mathrm{i}^{|\alpha|+|\beta|} \xi^\alpha \partial^\beta F[f] = \int_{\mathbb{R}^n} \partial^\alpha [x^\beta f(x)] \mathrm{e}^{-\mathrm{i}x \cdot \xi} \mathrm{d}x.$$

由于 $\partial^\alpha [x^\beta f(x)] \in \mathcal{S}(\mathbb{R}^n)$, 因此存在常数 C 使得

$$\sup_{\mathbb{R}^n} (1 + |x|^2)^n |\partial^\alpha [x^\beta f(x)]| \leqslant C.$$

这就说明

$$
\begin{aligned}
|\xi^\alpha \partial^\beta F[f]| &\leqslant \int_{\mathbb{R}^n} |\partial^\alpha [x^\beta f(x)]| \mathrm{d}x \\
&= \int_{\mathbb{R}^n} \frac{1}{(1+|x|^2)^n} (1+|x|^2)^n |\partial^\alpha [x^\beta f(x)]| \mathrm{d}x \\
&\leqslant C \int_{\mathbb{R}^n} \frac{1}{(1+|x|^2)^n} \mathrm{d}x < +\infty.
\end{aligned}
$$

由此 $F(f) \in \mathcal{S}(\mathbb{R}^n)$. 由上述证明的过程可知,

$$\text{当 } \varphi_k \xrightarrow{\mathcal{S}(\mathbb{R}^n)} \varphi \text{ 时, } F[\varphi_k] \xrightarrow{\mathcal{S}(\mathbb{R}^n)} F[\varphi].$$

逆变换的证明是类似的. 进一步地, 我们还能够说明 $\mathcal{S}(\mathbb{R}^n)$ 上 $F^{-1} \circ F = I$ (证明留作习题). 至此我们证明了 Fourier 变换是从 $\mathcal{S}(\mathbb{R}^n)$ 到 $\mathcal{S}(\mathbb{R}^n)$ 的拓扑同构.　□

3. 卷积的 Fourier 变换.

对 $f_1, f_2 \in \mathcal{S}(\mathbb{R}^n)$, 称

$$f(x) = \int_{\mathbb{R}^n} f_1(x-y) f_2(y) \mathrm{d}y = \int_{\mathbb{R}^n} f_1(y) f_2(x-y) \mathrm{d}y$$

为 f_1 与 f_2 的卷积, 记为 $f_1 * f_2$. 下面我们说明 Fourier 变换可以将卷积运算和乘积运算联系起来.

命题 3.3.4　若 $f_1, f_2 \in \mathcal{S}(\mathbb{R}^n)$, 则有

$$F[f_1 * f_2] = F[f_1] \cdot F[f_2],$$

$$F^{-1}[f_1 f_2] = F^{-1}[f_1] * F^{-1}[f_2].$$

证明　利用 f_1, f_2 绝对可积, 由积分换序可得

$$
\begin{aligned}
F[f_1 * f_2](\xi) &= \int_{\mathbb{R}^n} (f_1 * f_2)(x) \mathrm{e}^{-\mathrm{i}\xi \cdot x} \mathrm{d}x \\
&= \int_{\mathbb{R}^n} f_2(y) \mathrm{e}^{-\mathrm{i}\xi \cdot y} \int_{\mathbb{R}^n} f_1(x-y) \mathrm{e}^{-\mathrm{i}\xi \cdot (x-y)} \mathrm{d}x \mathrm{d}y \\
&= F[f_1](\xi) \cdot F[f_2](\xi).
\end{aligned}
$$

　□

命题 3.3.5 (Plancherel (普朗谢雷尔) 等式)　若 $f, g \in \mathcal{S}(\mathbb{R}^n)$, 则有

$$\int_{\mathbb{R}^n} f \bar{g} \mathrm{d}x = \frac{1}{(2\pi)^n} \int_{\mathbb{R}^n} F[f] \overline{F[g]} \mathrm{d}x.$$

证明　先证

$$\int_{\mathbb{R}^n} F[f] g \mathrm{d}x = \int_{\mathbb{R}^n} f F[g] \mathrm{d}x, \quad \forall f, g \in \mathcal{S}(\mathbb{R}^n).$$

由函数的绝对可积性可知

$$
\begin{aligned}
\int_{\mathbb{R}^n} F[f] g \mathrm{d}x &= \int_{\mathbb{R}^n} \left(\int_{\mathbb{R}^n} f(y) \mathrm{e}^{-\mathrm{i}x \cdot y} \mathrm{d}y \right) g(x) \mathrm{d}x \\
&= \int_{\mathbb{R}^n} \left(\int_{\mathbb{R}^n} g(x) \mathrm{e}^{-\mathrm{i}x \cdot y} \mathrm{d}x \right) f(y) \mathrm{d}y \\
&= \int_{\mathbb{R}^n} f F[g] \mathrm{d}x.
\end{aligned}
$$

同时对任意的 $h \in \mathcal{S}(\mathbb{R}^n)$, 成立

$$F[h] = \int_{\mathbb{R}^n} h(x) \mathrm{e}^{-\mathrm{i}x \cdot \xi} \mathrm{d}x = \overline{\int_{\mathbb{R}^n} \overline{h(x)} \mathrm{e}^{\mathrm{i}x \cdot \xi} \mathrm{d}x} = (2\pi)^n \overline{F^{-1}[\bar{h}]}.$$

综合上述两个式子, 我们得到

$$\int_{\mathbb{R}^n} F[f]\overline{F[g]}\mathrm{d}x = \int_{\mathbb{R}^n} fF[\overline{F[g]}]\mathrm{d}x = (2\pi)^n \int_{\mathbb{R}^n} f\overline{F^{-1}F[g]}\mathrm{d}x = (2\pi)^n \int_{\mathbb{R}^n} f\bar{g}\mathrm{d}x. \qquad \square$$

最后我们指出, 由于 $\mathcal{S}(\mathbb{R}^n)$ 在 $L^1(\mathbb{R}^n)$ 和 $L^2(\mathbb{R}^n)$ 中的稠密性, Fourier 变换可以自然地在 $L^1(\mathbb{R}^n)$ 及 $L^2(\mathbb{R}^n)$ 上定义[①] (见习题 3.3 第 2 题).

Fourier 变换因为具有上述的性质, 在偏微分方程中得到了广泛的应用. 下面, 我们将应用 Fourier 变换给出热方程 Cauchy 问题的解的表达式.

3.3.2　Cauchy 问题解的存在性

考虑如下 n 维热方程的 Cauchy 问题

$$\begin{cases} \partial_t u = \Delta_x u, & (t,x) \in (0,+\infty) \times \mathbb{R}^n, \\ u(0,x) = \varphi(x), & x \in \mathbb{R}^n. \end{cases} \tag{3.21}$$

我们假设初值 $\varphi(x)$ 以及对固定 t, $u(t,x)$ 均属于速降函数空间, 则可以在方程和初值两侧关于 x 进行 Fourier 变换[②]. 记

$$\hat{u}(t,\xi) = F[u(t,\cdot)](\xi), \quad \hat{\varphi}(\xi) = F[\varphi](\xi).$$

由命题 3.3.2 可得

$$\begin{cases} \dfrac{\mathrm{d}}{\mathrm{d}t}\hat{u}(t,\xi) = -|\xi|^2 \hat{u}(t,\xi), \\ \hat{u}(0,\xi) = \hat{\varphi}(\xi). \end{cases}$$

易见 Fourier 变换将原线性偏微分方程问题转化成了线性常微分方程问题, 其解为

$$\hat{u}(t,\xi) = \mathrm{e}^{-|\xi|^2 t}\hat{\varphi}(\xi).$$

对上式两边取 Fourier 逆变换, 利用命题 3.3.4 及命题 3.3.5 可得

$$\begin{aligned} u(t,x) &= F^{-1}[\hat{u}(t,\cdot)](x) \\ &= F^{-1}[\mathrm{e}^{-|\xi|^2 t}](x) * \varphi. \end{aligned} \tag{3.22}$$

由 Fourier 逆变换的定义可得

$$F^{-1}[\mathrm{e}^{-|\cdot|^2 t}](x) = \frac{1}{(2\pi)^n} \int_{\mathbb{R}^n} \mathrm{e}^{-|\xi|^2 t} \cdot \mathrm{e}^{\mathrm{i}\xi \cdot x}\mathrm{d}\xi$$

[①]　进一步地, 由对偶空间的方法, 我们可以在更大的一类空间 (如 $\mathcal{S}(\mathbb{R}^n)$ 的对偶空间 $\mathcal{S}'(\mathbb{R}^n)$ 甚至 $C_c^\infty(\mathbb{R}^n)$ 的对偶空间 $\mathcal{D}'(\mathbb{R}^n)$) 中定义 Fourier 变换, 且其基本性质仍然成立.

[②]　我们注意到在 Cauchy 问题中, $t \in \mathbb{R}_+$ 而非 $\mathbb{R}$, 这使得我们一般不能方便地将时间变量利用 Fourier 变换转为频域进行分析. 当需要对时间作类似处理时, 我们往往采用 Laplace 变换, 一个与 Fourier 变换有很多相似性质的线性变换. 参见 [5].

$$= \frac{1}{(2\pi)^n} \int_{\mathbb{R}^n} \mathrm{e}^{-t \sum\limits_{k=1}^n \left(\xi_k - \frac{\mathrm{i}x_k}{2t}\right)^2} \mathrm{d}\xi \cdot \mathrm{e}^{-\frac{|x|^2}{4t}}.$$

利用复变函数的围道积分理论可得

$$\int_{-\infty}^{+\infty} \mathrm{e}^{-t(\xi_k - \frac{\mathrm{i}x_k}{2t})^2} \mathrm{d}\xi_k = \int_{-\infty}^{+\infty} \mathrm{e}^{-t\xi_k^2} \mathrm{d}\xi_k$$

$$= \frac{1}{\sqrt{t}} \int_{-\infty}^{+\infty} \mathrm{e}^{-\eta^2} \mathrm{d}\eta = \sqrt{\frac{\pi}{t}}.$$

于是

$$F^{-1}[\mathrm{e}^{-|\cdot|^2 t}](x) = \frac{1}{(4\pi t)^{\frac{n}{2}}} \mathrm{e}^{-\frac{|x|^2}{4t}}. \tag{3.23}$$

通常, 我们记

$$H(t,x) = \frac{1}{(4\pi t)^{\frac{n}{2}}} \mathrm{e}^{-\frac{|x|^2}{4t}}, \quad t > 0, \ x \in \mathbb{R}^n, \tag{3.24}$$

并称之为**热核函数**. 这样, 我们就形式地得到了 Cauchy 问题 (3.21) 的解

$$u(t,x) = [H(t,\cdot) * \varphi](x)$$

$$= \frac{1}{(4\pi t)^{\frac{n}{2}}} \int_{\mathbb{R}^n} \mathrm{e}^{-\frac{|x-y|^2}{4t}} \varphi(y) \mathrm{d}y. \tag{3.25}$$

下面, 我们来严格地验证当初值 φ 连续有界时, (3.25) 给出了 Cauchy 问题 (3.21) 的一个解.

定理 3.3.1   设 φ 是 $\mathbb{R}^n$ 上的有界连续函数, 则 (3.25) 式给出了 n 维热方程 Cauchy 问题 (3.21) 的解.

证明   首先, 我们需要验证当 φ 有界连续时, (3.25) 给出的函数 u 有意义且满足方程. 由于热核函数在 $t > 0$ 时满足方程, 形式上我们有

$$(\partial_t - \Delta_x) u(t,x) = \int_{\mathbb{R}^n} (\partial_t - \Delta_x) H(t, x-y) \varphi(y) \mathrm{d}y = 0.$$

要使得上式严格成立, 我们只需求导前后的各式

$$\int_{\mathbb{R}^n} \frac{1}{(4\pi t)^{\frac{n}{2}}} \mathrm{e}^{-\frac{|x-y|^2}{4t}} \varphi(y) \mathrm{d}y,$$

$$\int_{\mathbb{R}^n} \partial_t \left(\frac{1}{(4\pi t)^{\frac{n}{2}}} \mathrm{e}^{-\frac{|x-y|^2}{4t}} \right) \varphi(y) \mathrm{d}y,$$

$$\int_{\mathbb{R}^n} \partial_{x_i} \left(\frac{1}{(4\pi t)^{\frac{n}{2}}} \mathrm{e}^{-\frac{|x-y|^2}{4t}} \right) \varphi(y) \mathrm{d}y,$$

$$\int_{\mathbb{R}^n} \partial_{x_i x_j} \left(\frac{1}{(4\pi t)^{\frac{n}{2}}} \mathrm{e}^{-\frac{|x-y|^2}{4t}} \right) \varphi(y) \mathrm{d}y$$

关于 $t > 0$, $x \in \mathbb{R}^n$ 是内闭一致收敛的, 注意到此时 $\mathrm{e}^{-\frac{|x-y|^2}{4t}}$ 的衰减性, 这一收敛性质显然成立.

下面我们要证明 (3.25) 所定义的函数 u 满足初值, 即需说明成立

$$\lim_{t\to 0^+, x\to x_0} u(t,x) = \varphi(x_0), \quad \forall x_0 \in \mathbb{R}^n,$$

也即对任意给定的 $\varepsilon > 0$, 我们要找到 $\delta > 0$, 使得

$$|u(t,x) - \varphi(x_0)| \leqslant \varepsilon, \quad \forall 0 < t < \delta, \ \forall x \in B_\delta(x_0). \tag{3.26}$$

事实上, 我们有

$$u(t,x) = \int_{\mathbb{R}^n} \frac{1}{(4\pi t)^{\frac{n}{2}}} \mathrm{e}^{-\frac{|x-y|^2}{4t}} \varphi(y)\mathrm{d}y = \frac{1}{\pi^{\frac{n}{2}}} \int_{\mathbb{R}^n} \varphi(x - 2\sqrt{t}\xi)\mathrm{e}^{-|\xi|^2}\mathrm{d}\xi,$$

$$\varphi(x_0) = \frac{1}{\pi^{\frac{n}{2}}} \int_{\mathbb{R}^n} \varphi(x_0)\mathrm{e}^{-|\xi|^2}\mathrm{d}\xi.$$

因此

$$u(t,x) - \varphi(x_0) = \frac{1}{\pi^{\frac{n}{2}}} \int_{\mathbb{R}^n} (\varphi(x - 2\sqrt{t}\xi) - \varphi(x_0))\mathrm{e}^{-|\xi|^2}\mathrm{d}\xi.$$

为了证明上式趋于零, 在 $|\xi|$ 充分大的区域, 我们可利用 $\varphi(\xi)$ 的有界性及 $\mathrm{e}^{-|\xi|^2}$ 的快速衰减性; 在 $|\xi|$ 有限的区域, 我们可利用 $\varphi(\xi)$ 的连续性及 $t \to 0$. 具体来说, 令

$$M = \sup_{x \in \mathbb{R}^n} |\varphi(x)|,$$

则对前述给定的 $\varepsilon > 0$, 由 $\int_{\mathbb{R}^n} \mathrm{e}^{-|\xi|^2}\mathrm{d}\xi$ 绝对收敛可知, 存在 $N > 0$, 使得

$$\frac{1}{\pi^{\frac{n}{2}}} \int_{\{|\xi| \geqslant N\}} \mathrm{e}^{-|\xi|^2}\mathrm{d}\xi \leqslant \frac{\varepsilon}{4M},$$

于是

$$\frac{1}{\pi^{\frac{n}{2}}} \int_{\{|\xi| \geqslant N\}} |\varphi(x - 2\sqrt{t}\xi) - \varphi(x_0)|\mathrm{e}^{-|\xi|^2}\mathrm{d}\xi \leqslant \frac{\varepsilon}{2}.$$

另一方面, 对上述 $\varepsilon > 0$ 及 $N > 0$, 由于 $\varphi(x)$ 连续, 故存在 $\delta > 0$, 使得当 $0 < t < \delta$, $|x - x_0| < \delta$ 时,

$$\sup_{|\xi| \leqslant N} |\varphi(x - 2\sqrt{t}\xi) - \varphi(x_0)| < \frac{\varepsilon}{2}.$$

因此, 我们有

$$|u(t,x) - \varphi(x_0)| \leqslant \frac{1}{\pi^{\frac{n}{2}}} \int_{\{|\xi| \geqslant N\}} |\varphi(x - 2\sqrt{t}\xi) - \varphi(x_0)|\mathrm{e}^{-|\xi|^2}\mathrm{d}\xi +$$

$$\frac{1}{\pi^{\frac{n}{2}}} \int_{\{|\xi| \leqslant N\}} |\varphi(x - 2\sqrt{t}\xi) - \varphi(x_0)|\mathrm{e}^{-|\xi|^2}\mathrm{d}\xi$$

$$< \frac{\varepsilon}{2} + \frac{1}{\pi^{\frac{n}{2}}} \int_{\mathbb{R}^n} \frac{\varepsilon}{2}\mathrm{e}^{-|\xi|^2}\mathrm{d}\xi = \varepsilon.$$

从而 (3.26) 得证, 故 (3.25) 是 Cauchy 问题 (3.21) 的解. $\qquad\square$

从 (3.25) 可见 $H(t, x)$ 给我们求解方程和分析解的性质提供了极大的便利. 我们称 $H(t, x)$ 为 n 维热方程 Cauchy 问题 (3.21) 的基本解, 也称其为热核函数. 在定理 3.3.1 的证明中, 我们实际上证明了热核函数在 $t \to 0^+$ 时, 作为一组卷积核收敛于 Dirac 函数 $\delta(x)$. 上述用 Fourier 变换将线性偏微分方程转化为常微分方程, 并通过基本解得到卷积形式的解的表达式的方法, 是求解线性偏微分方程的常用方法.

事实上, 当初值 $\varphi \in L^p(\mathbb{R}^n)(1 \leqslant p \leqslant +\infty)$ 时, 我们有下面更一般的结论.

定义 3.3.1 令 $1 \leqslant p \leqslant +\infty$, $\varphi \in L^p(\mathbb{R}^n)$. 记

$$P_t\varphi(x) = H(t, x) * \varphi, \quad \forall t > 0, x \in \mathbb{R}^n.$$

我们有如下结果.

定理 3.3.2 令 $1 \leqslant p \leqslant +\infty$. 对于 $\varphi \in L^p(\mathbb{R}^n)$, 我们有

(1) $u = P_t\varphi$ 满足方程 $\partial_t u = \Delta u$;

(2) 对任意 $t > 0$, 有 $\|P_t\varphi\|_{L^p(\mathbb{R}^n)} \leqslant \|\varphi\|_{L^p(\mathbb{R}^n)}$;

(3) 对任意 $t, s > 0$, 有 $P_{t+s}\varphi = P_t(P_s\varphi)$;

(4) 如果 $1 \leqslant p < +\infty$, 那么 $\lim\limits_{t \to 0^+} \|P_t\varphi - \varphi\|_{L^p(\mathbb{R}^n)} = 0$.

注 3.3.1 定理 3.3.2(3) 表明, 定义在 $[0, +\infty)$ 上的 $P_t\varphi$ 具有半群性质, 故称为热半群.

证明 1. 利用热核的衰减性质, 交换求导和积分次序得到

$$(\partial_t - \Delta)P_t\varphi = ((\partial_t - \Delta)H(t, \cdot)) * \varphi = 0.$$

2. 利用 Young (杨) 不等式, 对 $t > 0$,

$$\|P_t\varphi\|_{L^p(\mathbb{R}^n)} = \|\varphi * H(t, \cdot)\|_{L^p(\mathbb{R}^n)} \leqslant \|H(t, \cdot)\|_{L^1(\mathbb{R}^n)}\|\varphi\|_{L^p(\mathbb{R}^n)} = \|\varphi\|_{L^p(\mathbb{R}^n)}.$$

3. 由定义并利用 Fubini (富比尼) 定理,

$$
\begin{aligned}
P_t(P_s\varphi)(x) &= \int_{\mathbb{R}^n} H(t, x-y) P_s\varphi(y) \mathrm{d}y \\
&= \int_{\mathbb{R}^n} H(t, x-y) \left(\int_{\mathbb{R}^n} H(s, y-z)\varphi(z)\mathrm{d}z \right) \mathrm{d}y \\
&= \int_{\mathbb{R}^n} \left(\int_{\mathbb{R}^n} H(t, x-y)H(s, y-z)\mathrm{d}y \right) \varphi(z)\mathrm{d}z \\
&= \int_{\mathbb{R}^n} H(t+s, x-z)\varphi(z)\mathrm{d}z.
\end{aligned}
$$

其中, 等式 $\int_{\mathbb{R}^n} H(t, x-y)H(s, y-z)\mathrm{d}y = H(t+s, x-z)$ 的证明, 见习题 3.3 第 8 题.

4.
$$\|P_t\varphi - \varphi\|_{L^p}^p \leqslant \int_{\mathbb{R}^n} \left(\frac{1}{\pi^{\frac{n}{2}}} \int_{\mathbb{R}^n} |\varphi(x - 2\sqrt{t}\xi) - \varphi(x)| \mathrm{e}^{-|\xi|^2}\mathrm{d}\xi \right)^p \mathrm{d}x$$

$$\leqslant \int_{\mathbb{R}^n} \left(\frac{1}{\pi^{\frac{n}{2}}} \int_{\mathbb{R}^n} \left| \varphi(x - 2\sqrt{t}\xi) - \varphi(x) \right|^p \mathrm{e}^{-|\xi|^2} \mathrm{d}\xi \right)^{\frac{p}{p}} \cdot \left(\frac{1}{\pi^{\frac{n}{2}}} \int_{\mathbb{R}^n} \mathrm{e}^{-|\xi|^2} \mathrm{d}\xi \right)^{\frac{p}{q}} \mathrm{d}x$$

$$= \int_{\mathbb{R}^n} \frac{1}{\pi^{\frac{n}{2}}} \left(\int_{\mathbb{R}^n} \left| \varphi(x - 2\sqrt{t}\xi) - \varphi(x) \right|^p \mathrm{d}x \right) \mathrm{e}^{-|\xi|^2} \mathrm{d}\xi,$$

其中 $\frac{1}{p} + \frac{1}{q} = 1$. 记 $g_t(\xi) = \int_{\mathbb{R}^n} \left| \varphi(x - 2\sqrt{t}\xi) - \varphi(x) \right|^p \mathrm{d}x$, 则可以证明

$$|g_t(\xi)| \leqslant 2^p \|\varphi\|_{L^p}^p, \quad \forall t > 0, \ \xi \in \mathbb{R}^n,$$

且对任意的 $\xi \in \mathbb{R}^n$, 当 $t \to 0$ 时, 有 $g_t(\xi) \to 0$. 由控制收敛定理, 结论成立. $\qquad\square$

由表达式 (3.25) 可以看出, 热方程在 $t > 0$ 时的解 u 在 x 处的值可以看作是以热核函数 $H(t, x - y)$ 为权的初值 φ 对 y 在 $\mathbb{R}^n$ 上的加权平均. 因此, 即使初值具有紧支集, 例如

$$\varphi(x) \geqslant 0, \quad \operatorname{supp} \varphi \subset B_R(x_0), \quad \varphi \not\equiv 0,$$

由表达式 (3.25), 对任意 $t > 0$ 也成立

$$u(t, x) > 0, \quad \text{即 } \operatorname{supp} u(t, \cdot) = \mathbb{R}^n,$$

这说明初值信息可以瞬间传递给 $\mathbb{R}^n$ 上所有的位置. 这一现象表明热方程的解具有**无限传播速度**.

利用上一节介绍的齐次化原理, 非齐次热方程 Cauchy 问题

$$\begin{cases} \partial_t u - \Delta u = f(t, x), & (t, x) \in (0, +\infty) \times \mathbb{R}^n, \\ u(0, x) = \varphi(x), & x \in \mathbb{R}^n \end{cases} \tag{3.27}$$

的解可表示为

$$u(t, x) = \frac{1}{(4\pi t)^{\frac{n}{2}}} \int_{\mathbb{R}^n} \varphi(y) \mathrm{e}^{-\frac{|x-y|^2}{4t}} \mathrm{d}y + \int_0^t \int_{\mathbb{R}^n} \frac{1}{(4\pi(t - \tau))^{\frac{n}{2}}} f(\tau, y) \mathrm{e}^{-\frac{|x-y|^2}{4(t-\tau)}} \mathrm{d}y \mathrm{d}\tau. \tag{3.28}$$

习题 3.3

1. 证明: 若 $f_1, f_2 \in \mathcal{S}(\mathbb{R}^n)$, 则 $f_1 * f_2$ 也是速降函数.

2. (1) 若 $f \in L^1(\mathbb{R}^n)$, 定义

$$F[f](\xi) = \lim_{k \to +\infty} F[\varphi_k],$$

其中 $\varphi_k \in \mathcal{S}(\mathbb{R}^n)$ 且 φ_k 在 $L^1(\mathbb{R}^n)$ 下收敛到 f. 证明上述定义和 φ_k 的选取无关且 $F[f]$ 为连续函数.

(2) 若 $f \in L^2(\mathbb{R}^n)$, 定义

$$F[f](\xi) = \lim_{k \to +\infty} F[\varphi_k],$$

其中 $\varphi_k \in \mathcal{S}(\mathbb{R}^n)$ 且 φ_k 在 $L^2(\mathbb{R}^n)$ 下收敛到 f. 证明上述定义和 φ_k 的选取无关且 Plancheral 等式依旧成立.

3. 求解初值问题

$$\begin{cases} \partial_t u - \Delta u + cu = f(t,x), & (t,x) \in (0,+\infty) \times \mathbb{R}^n, \\ u(0,x) = \varphi(x), & x \in \mathbb{R}^n, \end{cases}$$

其中 $c \in \mathbb{R}$ 为给定常数, f, φ 为有界连续函数.

4. 求解半空间上热方程的初边值问题

$$\begin{cases} \partial_t u - \partial_x^2 u = 0, & (t,x) \in (0,+\infty) \times (0,+\infty), \\ u(0,x) = \varphi(x), & x \in (0,+\infty), \\ u(t,0) = 0, & t \in (0,+\infty), \end{cases}$$

其中 $\varphi \in C^2([0,+\infty))$ 有界满足 $\varphi(0) = 0$. (提示: 对 u 作奇延拓.)

*5. (1) 利用一维热方程初值问题解的表达式 (3.25) 证明: 若 $\varphi \in C(\mathbb{R}) \cap L^\infty(\mathbb{R})$, 则 当 $t > 0$ 时, 解 $u(t,x)$ 关于 x 是解析函数.

(2) 证明 Weierstrass (魏尔斯特拉斯) 逼近定理: 有界闭区间 $[a,b]$ 上的连续函数 $f(x)$ 可以被多项式序列一致逼近. (提示: 取

$$\varphi(x) = \begin{cases} f(a), & x \leqslant a, \\ f(x), & a \leqslant x \leqslant b, \\ f(b), & x \geqslant b, \end{cases}$$

利用解 u 关于 x 的解析性, 并取 $t \to 0^+$.)

*6. (1) 证明一维热方程

$$\partial_t u - \partial_x^2 u = 0,$$

在尺度变换下的性质: 若 $u = u(t,x)$ 是方程的解, 则对任意的 $\lambda > 0$, $\alpha \in \mathbb{R}$, 函数

$$u^\lambda(t,x) = \lambda^\alpha u(\lambda^2 t, \lambda x)$$

也是方程的解, 并求使得

$$\|u^\lambda(0,\cdot)\|_{L^1(\mathbb{R})} = \|u(0,\cdot)\|_{L^1(\mathbb{R})}$$

成立的 α.

(2) 取 $\lambda = t^{-\frac{1}{2}}$, 即得到在上述尺度变换下形式不变的解,

$$u = \frac{1}{\sqrt{t}} f\left(\frac{x}{\sqrt{t}}\right),$$

求此时 f 满足的常微分方程, 并在条件

$$\lim_{\xi \to \infty} f(\xi) = 0, \quad \lim_{\xi \to \infty} f'(\xi) = 0, \quad \int_{\mathbb{R}} f(\xi) \mathrm{d}\xi = 1$$

下求出 f 和相应的 u, 请将得到的结果与热方程的基本解进行比较.

7. 验证若 $f(t, x)$ 关于时间 t 一阶连续可导, 关于空间 x 三阶连续可导, 且各阶导数有界, $\varphi \in C(\mathbb{R}^n) \cap L^\infty(\mathbb{R}^n)$, 则 (3.28) 给出了 Cauchy 问题 (3.27) 的解.

8. 对于任意 $t, s > 0, x, z \in \mathbb{R}^n$, 验证

$$\int_{\mathbb{R}^n} H(t, x - y) H(s, y - z) \mathrm{d}y = H(t + s, x - z).$$

9. 若 $n \geqslant 3$, 证明对于任意的 $x, y \in \mathbb{R}^n$, $x \neq y$,

$$\int_0^\infty H(t, x - y) \mathrm{d}t = \Gamma(x - y) = \frac{1}{(n-2)\omega_{n-1}|x - y|^{n-2}}.$$

*10. 补充证明推论 3.3.1: 在 $\mathcal{S}(\mathbb{R}^n)$ 上, $F^{-1} \circ F = I$.

*11. 对于 $u \in C_0^\infty(\mathbb{R})$, 若 $\hat{u}$ 也具有紧支集, 证明 $u \equiv 0$. (提示: 估计 $\|u^{(k)}\|_{L^\infty(\mathbb{R})}$, 从而说明 u 是解析函数.)

3.4   极值原理及其应用

与调和方程类似, 热方程的解也满足极值原理和 L^∞ 范数估计, 但具体形式有所不同, 证明也略为复杂. 本节主要阐述热方程的解所满足的极值原理以及相应的范数估计.

3.4.1   弱极值原理和初边值问题解的唯一性

设 $\Omega \subset \mathbb{R}^n$ 为光滑区域, $T > 0$. 如图 3.1, 记 $\Omega_T = (0, T] \times \Omega$, $\Gamma_T = \overline{\Omega_T} \setminus \Omega_T$. 这里 Γ_T 称为抛物区域 Ω_T 的抛物边界. 注意: $\{T\} \times \Omega$ 属于 Ω_T 的边界, 而不属于 Ω_T 的抛物边界.

首先回顾热方程解的定义: 我们用 $C_t^1 C_x^2(\Omega_T)$ 表示 Ω_T 上关于时间 t 一阶连续可导、关于空间 x 二阶连续可导的函数类. 若 $u(t, x) \in C_t^1 C_x^2(\Omega_T) \cap C(\overline{\Omega_T})$ 在 Ω_T 上满足 $\partial_t u = \Delta u$, 则称 u 是 Ω_T 上热方程的 (经典) 解, 并在不引起混淆的情况下可简称为 Ω 上热方程的解.

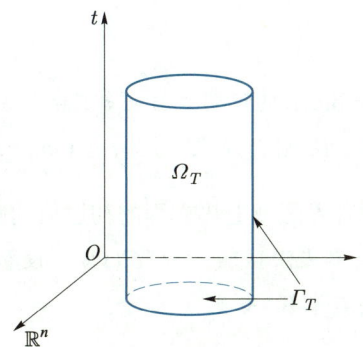

图 3.1　抛物边界示意图

对于热方程的解, 我们有以下弱极值原理.

定理 3.4.1　设 Ω 是有界光滑区域, $u \in C_t^1 C_x^2(\Omega_T) \cap C(\overline{\Omega_T})$ 满足

$$(\partial_t - \Delta)u = 0, \quad (t, x) \in \Omega_T,$$

则 u 的最值可在抛物边界 Γ_T 上达到, 即

$$\max_{\overline{\Omega_T}} u = \max_{\Gamma_T} u, \quad \min_{\overline{\Omega_T}} u = \min_{\Gamma_T} u. \tag{3.29}$$

证明　仅需证明最大值情形. 第一步, 先考虑 u 在 Ω_T 上满足

$$(\partial_t - \Delta)u < 0$$

的情形.

若此时 $\max\limits_{\overline{\Omega_T}} u = \max\limits_{\Gamma_T} u$ 不成立, 则存在 $(t_0, x_0) \in \Omega_T$, 使得

$$u(t_0, x_0) = \max_{\overline{\Omega_T}} u.$$

由于作为 x 的函数 $u(t_0, x)$, 在 x_0 处取到最大值, 故 $\Delta u(t_0, x_0) \leqslant 0$. 另一方面, 作为 t 的函数 $u(t, x_0)$ 在 t_0 处取到最大值. 注意到 $t_0 \in (0, T]$, 可知

$$\partial_t u(t_0, x_0) \geqslant 0.$$

因此, 我们有

$$(\partial_t - \Delta)u(t_0, x_0) \geqslant 0,$$

这与 $(\partial_t - \Delta)u < 0$ 的假设矛盾. 故结论成立.

第二步, 对于 $(\partial_t - \Delta)u = 0$, 考虑 $u_\varepsilon = u + \varepsilon x_1^2$, $\varepsilon > 0$, 我们有

$$(\partial_t - \Delta)u_\varepsilon = -2\varepsilon < 0.$$

由第一步的结论可以得到

$$\max_{\overline{\Omega_T}} u_\varepsilon = \max_{\Gamma_T} u_\varepsilon,$$

上式令 $\varepsilon \to 0$, 即得到结论. $\qquad\square$

> **注 3.4.1** 由定理 3.4.1 的证明过程可知, 若 $u \in C_t^1 C_x^2(\Omega_T) \cap C(\overline{\Omega_T})$ 在 Ω_T 上满足 $\partial_t u - \Delta u \leqslant 0$, 则仍成立 $\max\limits_{\overline{\Omega_T}} u = \max\limits_{\Gamma_T} u$.

由弱极值原理, 我们得到有界区域上热方程的初边值问题解的比较原理.

> **推论 3.4.1** 设 Ω 是有界光滑区域, $f \in C(\Omega_T)$. 设 $u_1, u_2 \in C_t^1 C_x^2(\Omega_T) \cap C(\overline{\Omega_T})$ 是 $\partial_t u - \Delta u = f$ 在 Ω_T 上的两个解. 如果
> $$u_1(t,x) \leqslant u_2(t,x), \quad \forall (t,x) \in \Gamma_T,$$
> 则在 $\overline{\Omega_T}$ 上 $u_1 \leqslant u_2$.

证明 记 $v = u_1 - u_2$, 则由弱极值原理,

$$\max_{\overline{\Omega_T}} v \leqslant 0,$$

从而在 $\overline{\Omega_T}$ 上 $u_1 \leqslant u_2$. $\qquad\square$

由比较原理, 我们容易得到有界区域上热方程的初边值问题解的唯一性.

> **定理 3.4.2** 设 Ω 是有界光滑区域, $f \in C(\Omega_T)$, $g \in C(\Gamma_T)$, 则初边值问题
> $$\begin{cases} \partial_t u - \Delta u = f, & (t,x) \in \Omega_T, \\ u(t,x) = g(t,x), & (t,x) \in \Gamma_T \end{cases}$$
> 在 $C_t^1 C_x^2(\Omega_T) \cap C(\overline{\Omega_T})$ 中若存在解, 则解必唯一.

证明 设 u_1, u_2 为方程的两个解, 由于

$$u_1(t,x) = u_2(t,x), \quad \forall (t,x) \in \Gamma_T,$$

由推论 3.4.1, 得到结论. $\qquad\square$

3.4.2 梯度估计和古代解

本节中, 我们研究热方程正解的梯度估计. 热核函数

$$H(t,x) = \frac{1}{(4\pi t)^{\frac{n}{2}}} \mathrm{e}^{-\frac{|x|^2}{4t}}$$

是热方程典型的正解. 定义

$$h(t,x) = \ln(H(t,x)) = -\frac{|x|^2}{4t} - \frac{n}{2}\ln(4\pi t),$$

计算得到,

$$|\nabla h|^2 = \frac{|x|^2}{4t^2}, \quad \partial_t h = \frac{|x|^2}{4t^2} - \frac{n}{2t}.$$

从而, $\forall t > 0, x \in \mathbb{R}^n$,

$$\frac{|\nabla H|^2}{H^2} - \frac{\partial_t H}{H} = \frac{n}{2t}. \tag{3.30}$$

由此, 我们得到了热核函数 H 的空间梯度和时间导数所满足的一个恒等式. 注意到, 对于任意给定的 $y \in \mathbb{R}^n$, 以上恒等式对于 $H(t, x-y)$ 也成立.

但是对于一般热方程的正解, 我们并不期望得到这样好的恒等式. 考虑 $u(t, x) = |x|^2 + 2nt$, 容易验证这是热方程的正解. 通过计算可得, 对于任意 $t > 0, x \in \mathbb{R}^n$,

$$\begin{aligned} \frac{|\nabla u|^2}{u^2} - \frac{\partial_t u}{u} &= \frac{4|x|^2}{(|x|^2 + 2nt)^2} - \frac{2n}{|x|^2 + 2nt} \\ &\leqslant \frac{4|x|^2}{(|x|^2 + 2nt)^2} \leqslant \frac{1}{2nt} \leqslant \frac{n}{2t}. \end{aligned}$$

因此, 我们退而求其次, 希望得到关于热方程正解梯度满足的不等式. 对于特殊的热方程正解 $u = H * \varphi$, 通过热核 H 的表达式, 我们可以得到相应的梯度估计.

定理 3.4.3 对于 $\mathbb{R}^n$ 上任意不恒等于零的非负有界连续函数 φ, $u(t, x) = P_t\varphi = H(t, \cdot) * \varphi$ 满足

$$\frac{|\nabla u|^2}{u^2} - \frac{\partial_t u}{u} \leqslant \frac{n}{2t}.$$

证明 由于 φ 不恒等于零, 故 $u(t, x) > 0$, $\forall t > 0, x \in \mathbb{R}^n$. 固定 $t > 0, x \in \mathbb{R}^n$, 记 $\nu_{t,x}(y) = \frac{H(t, x-y)\varphi(y)}{u(t, x)}$, 则 $\int_{\mathbb{R}^n} \nu_{t,x}(y)\mathrm{d}y = 1$. 因此, 可以将 $\nu_{t,x}(y)\mathrm{d}y$ 看成关于 y 的概率测度. 由热核的衰减性和 φ 的有界性,

$$\nabla u(t, x) = \int_{\mathbb{R}^n} \nabla H(t, x-y)\varphi(y)\mathrm{d}y,$$

$$\partial_t u(t, x) = \int_{\mathbb{R}^n} \partial_t H(t, x-y)\varphi(y)\mathrm{d}y.$$

从而, 由 Hölder 不等式及 (3.30),

$$\begin{aligned} \frac{|\nabla u|^2}{u^2}(t, x) &= \left| \int_{\mathbb{R}^n} \frac{\nabla H(t, x-y)}{H(t, x-y)} \nu_{t,x}(y)\mathrm{d}y \right|^2 \leqslant \int_{\mathbb{R}^n} \frac{|\nabla H(t, x-y)|^2}{H^2(t, x-y)} \nu_{t,x}(y)\mathrm{d}y \\ &= \int_{\mathbb{R}^n} \left(\frac{\partial_t H(t, x-y)}{H(t, x-y)} + \frac{n}{2t} \right) \nu_{t,x}(y)\mathrm{d}y \\ &= \int_{\mathbb{R}^n} \partial_t H(t, x-y)\frac{\varphi(y)}{u(t, x)}\mathrm{d}y + \frac{n}{2t} = \frac{\partial_t u}{u}(t, x) + \frac{n}{2t}. \end{aligned}$$

定理证毕. $\qquad\square$

接下来, 我们证明对于热方程的一般的正解, 类似的梯度估计也成立.

定理 3.4.4 设 u 是 $\mathbb{R}_T^n$ 上热方程的正解, 则对于任意 $(t, x) \in (0, T] \times \mathbb{R}^n$,

$$\frac{|\nabla u|^2}{u^2} - \frac{\partial_t u}{u} \leqslant \frac{n}{2t}.$$

注 3.4.2 对于热核 $u = H(t, x)$, 以上不等式能取到等号 (3.30), 故该梯度估计是最优的.

为证明定理 3.4.4, 我们先证明热方程正解的局部梯度估计.

定理 3.4.5 设 u 是 $(0, T] \times B_R$ 上热方程 $\partial_t u = \Delta u$ 的正解, $\alpha > 1$. 对于任意 $(t, x) \in (0, T] \times B_{\frac{R}{2}}$, 成立

$$\frac{|\nabla u|^2}{u^2} - \alpha \frac{\partial_t u}{u} \leqslant \frac{n\alpha^2}{2t} + \frac{C\alpha^2}{R^2}\left(1 + \frac{\alpha^2}{\alpha - 1}\right), \tag{3.31}$$

其中 $C = C(n)$.

注 3.4.3 由以上定理, 令 $R \to +\infty$, 再让 $\alpha \to 1$, 即可证明定理 3.4.4.

证明定理 3.4.5 的主要方法是用 Bochner 技巧来估计热方程解的梯度, 类似于调和方程梯度估计中的 Bochner 技巧. 为叙述方便, 我们只证明 $\alpha = 2$ 的情形. 对于一般 $\alpha > 1$ 的情形, 证明的方法类似. 以下证明过程, 我们假设热方程的解 u 在 $(0, T] \times B_R$ 上是 C^∞ 光滑的[①]. 证明的主要思路如下: 为得到 (3.31) 中左端 $\frac{|\nabla u|^2}{u^2} - 2\frac{\partial_t u}{u}$ 的上界估计, 令 $f = \ln u$, 将其化为 $|\nabla f|^2 - 2\partial_t f$. 为方便起见, 我们构造

$$F = t(|\nabla f|^2 - 2\partial_t f), \tag{3.32}$$

这样只需要给出 F 的上界估计. 为得到 F 的上界, Bochner 技巧的主要想法是将热算子 $(\partial_t - \Delta)$ 作用到 F 上去, 利用 u 是热方程的解, 得到如下形式的估计

$$(\partial_t - \Delta)F \leqslant \cdots.$$

从而可以对 F 使用热方程的极值原理, 得到 F 的上界估计. 极值原理的关键是考虑 F 的最大值点, 我们不希望最大值点 (t_0, x_0) 出现在抛物边界上. 因为这种情况一旦发生, 我们得不到在最大值点处 F 的梯度和 ΔF 等的有用信息 (例如 $\nabla F(t_0, x_0) = 0, \Delta F(t_0, x_0) \leqslant 0$). Bochner 技巧的一个关键是, 用 ηF 代替 F, 其中 $\eta(x)$ 是截断函数, 满足在 $B_{\frac{R}{2}}$ 上恒为 1, 支撑集包含于 B_R. 这样可以保证, ηF 的最大值点不会出现在 $[0, R] \times \partial B_R$ 上, 从而获得 ηF 的梯度和 $\Delta(\eta F)$ 等的有用信息.

为了证明梯度估计, 我们先作一些准备工作. 由于 u 是热方程的正解, 对于 $f = \ln u$, f 满足方程

$$\partial_t f = \Delta f + |\nabla f|^2.$$

从而

$$\Delta f = -|\nabla f|^2 + \partial_t f = -\frac{F}{2t} - \frac{|\nabla f|^2}{2}. \tag{3.33}$$

以下是著名的 Bochner 公式: 对于任意的 $g \in C^3$,

$$\frac{1}{2}\Delta|\nabla g|^2 = |\nabla^2 g|^2 + \langle \nabla g, \nabla \Delta g \rangle, \tag{3.34}$$

其中 $|\nabla^2 g|^2 = \sum_{i,j=1}^n (\partial_{ij} g)^2$, $\langle \cdot, \cdot \rangle$ 表示向量的内积. 实际上,

---

① 关于解的光滑性, 由热方程的正则性理论, 可以证明: 只要 $u \in C_t^1 C_x^2$, 则 u 是 C^∞ 光滑的.

$$\frac{1}{2}\Delta|\nabla g|^2 = \frac{1}{2}\sum_j \partial_j^2\left(\sum_i (\partial_i g)^2\right) = \sum_{i,j} \partial_j(\partial_i g \partial_{ij} g)$$

$$= \sum_{i,j}(\partial_{ij}g)^2 + \sum_{i,j}\partial_i g \partial_{ijj}g$$

$$= \sum_{i,j}(\partial_{ij}g)^2 + \sum_{i,j}\partial_i g\partial_{jji}g = |\nabla^2 g|^2 + \langle\nabla g, \nabla\Delta g\rangle.$$

易知, 对于任意 $n \times n$ 矩阵 A,

$$|A|^2 \geqslant \sum_i a_{ii}^2 \geqslant \frac{(\mathrm{tr}A)^2}{n},$$

对 $\nabla^2 g$ 应用这个结论, 我们得到了 Bochner 不等式:

$$\frac{1}{2}\Delta|\nabla g|^2 \geqslant \frac{|\Delta g|^2}{n} + \langle\nabla g, \nabla\Delta g\rangle. \tag{3.35}$$

引理 3.4.1 由 (3.32) 定义的函数 F 满足不等式

$$(\partial_t - \Delta)F \leqslant -\frac{F^2}{2nt} - \frac{1}{n}|\nabla f|^2 F + 2\langle\nabla f, \nabla F\rangle + \frac{F}{t}.$$

证明 由 (3.35), 我们有

$$\Delta F = t(\Delta|\nabla f|^2 - 2\partial_t(\Delta f)) \geqslant t\left(\frac{2}{n}|\Delta f|^2 + 2\langle\nabla f, \nabla\Delta f\rangle - 2\partial_t(\Delta f)\right).$$

将 (3.33) 代入, 得到

$$\Delta F \geqslant t\left[\frac{1}{2n}\left(\frac{F}{t} + |\nabla f|^2\right)^2 - \langle\nabla f, \nabla\left(\frac{F}{t} + |\nabla f|^2\right)\rangle + \partial_t\left(\frac{F}{t} + |\nabla f|^2\right)\right]$$

$$= \frac{t}{2n}\left(\frac{F^2}{t^2} + \frac{2F}{t}|\nabla f|^2 + |\nabla f|^4\right) - \langle\nabla f, \nabla F\rangle -$$

$$\quad t\langle\nabla f, \nabla|\nabla f|^2\rangle - \frac{F}{t} + \partial_t F + 2t\langle\nabla f, \partial_t \nabla f\rangle$$

$$\geqslant \frac{F^2}{2nt} + \frac{1}{n}|\nabla f|^2 F - \langle\nabla f, \nabla F\rangle - \frac{F}{t} + \partial_t F + t\langle\nabla f, \nabla(-|\nabla f|^2 + 2\partial_t f)\rangle$$

$$= \frac{F^2}{2nt} + \frac{1}{n}|\nabla f|^2 F - 2\langle\nabla f, \nabla F\rangle - \frac{F}{t} + \partial_t F,$$

在倒数第二步中, 我们丢掉了包含 $|\nabla f|^4$ 的项, 最后一步中应用了 F 的定义 (3.32). 从而证明了引理. □

进一步地, 我们需要构造具有良好性质的截断函数.

命题 3.4.1 存在截断函数 $\eta \in C_c^\infty(B_R)$, $0 \leqslant \eta \leqslant 1$, 在 $B_{\frac{R}{2}}$ 上恒为 1, 且对于任意 $x \in \mathbb{R}^n$,

$$|\nabla\eta|(x) \leqslant \frac{c}{R}\eta^{\frac{1}{2}}, \quad \Delta\eta(x) \geqslant -\frac{c}{R^2}, \tag{3.36}$$

其中 c 只依赖于维数 n.

证明 定义常用的截断函数 φ, $0 \leqslant \varphi \leqslant 1$ 满足

$$\varphi(x) = \begin{cases} 1, & x \in B_{\frac{R}{2}}, \\ 0, & x \notin B_R, \end{cases}$$

且对于任意 $x \in \mathbb{R}^n$,

$$|\nabla \varphi| \leqslant \frac{C}{R}, \quad |\Delta \varphi| \leqslant \frac{C}{R^2}, \tag{3.37}$$

其中 C 只依赖于维数 n. 令 $\eta = \varphi^2$, 通过计算可以验证 η 满足所需要的性质. □

在以上准备工作的基础上, 我们可以证明热方程正解的梯度估计.

定理 3.4.5 的证明   我们只证明 $\alpha = 2$ 的情形. 利用尺度变换

$$(t, x) \mapsto (R^2 t, Rx), \quad (t, x) \in \left(0, \frac{T}{R^2}\right] \times B_1,$$

我们只需要证明 $R = 1$ 的情形.

考虑函数 ηF, 其中 η 是由命题 3.4.1 给出的截断函数. 我们用 Bochner 技巧来估计 ηF 的上界. $\forall T' \in (0, T]$, 设 ηF 在 (t_0, x_0) 处取到 $[0, T'] \times \overline{B}_1$ 上的最大值, 不妨设 $(\eta F)(t_0, x_0) > 0$, 否则定理结论自然成立. 从而 $\eta(x_0) > 0, F(t_0, x_0) > 0$. 这样得到 $x_0 \notin \partial B_1, t_0 > 0$, 即 (t_0, x_0) 在抛物区域 $(B_1)_T$ 的内部.

通过计算 $(\partial_t - \Delta)(\eta F)$ 的表达式, 得到如下估计. 由引理 3.4.1 和命题 3.4.1, 只要 $F(t, x) \geqslant 0$,

$$
\begin{aligned}
(\partial_t - \Delta)(\eta F) &= -\Delta \eta \cdot F - 2\langle \nabla \eta, \nabla F \rangle + \eta (\partial_t - \Delta) F \\
&\leqslant cF - 2\langle \nabla \eta, \nabla F \rangle - \eta \left(\frac{F^2}{2nt} + \frac{1}{n}|\nabla f|^2 F - 2\langle \nabla f, \nabla F \rangle - \frac{F}{t} \right).
\end{aligned}
$$

在 ηF 的最大值点 (t_0, x_0) 处考虑, 由于 $\eta(x_0) > 0$, $\nabla F = \dfrac{\nabla(\eta F)}{\eta} - \dfrac{\nabla \eta}{\eta} F$, 从而

$$
\begin{aligned}
(\partial_t - \Delta)(\eta F)(t_0, x_0) \leqslant{}& cF - \frac{2}{\eta}\langle \nabla \eta, \nabla(\eta F) \rangle + 2\frac{|\nabla \eta|^2}{\eta} F - \frac{\eta F^2}{2nt_0} - \\
& \frac{1}{n}|\nabla f|^2 \cdot \eta F + 2\langle \nabla f, \nabla(\eta F) \rangle - 2\langle \nabla f, \nabla \eta \rangle F + \frac{\eta F}{t_0}. \tag{3.38}
\end{aligned}
$$

由于最大值点 (t_0, x_0) 在抛物区域 $(B_1)_T$ 的内部, 由最大值性质可知,

$$\nabla(\eta F)(t_0, x_0) = 0, \ \Delta(\eta F)(t_0, x_0) \leqslant 0, \quad \partial_t(\eta F)(t_0, x_0) \geqslant 0.$$

在 (t_0, x_0) 处, 由 (3.38), 结合命题 3.4.1 得到,

$$0 \leqslant c_1 F - \frac{\eta F^2}{2nt_0} - \frac{1}{n}|\nabla f|^2 \cdot \eta F - 2\langle \nabla f, \nabla \eta \rangle F + \frac{\eta F}{t_0}. \tag{3.39}$$

对于其中两项, 我们用命题 3.4.1 估计如下

$$
\begin{aligned}
\frac{1}{n}|\nabla f|^2 \eta F + 2\langle \nabla f, \nabla \eta \rangle F &\geqslant \frac{1}{n}|\nabla f|^2 \eta F - 2|\nabla f||\nabla \eta| \cdot F \\
&\geqslant \frac{1}{n}|\nabla f|^2 \eta F - \frac{1}{2n}|\nabla f|^2 \frac{|\nabla \eta|^2 F}{C^2} - 2nC^2 F \\
&\geqslant -CF.
\end{aligned}
$$

将这个估计代入 (3.39), 得到

$$0 \leqslant c_2 F - \frac{\eta F^2}{2nt_0} + \frac{\eta F}{t_0}.$$

两边约掉 F, 注意到 $t_0 \leqslant T'$, 我们有

$$(\eta F)(t_0, x_0) \leqslant 2nt_0 \left(c_2 + \frac{\eta}{t_0} \right) \leqslant 2nt_0 \left(c_2 + \frac{1}{t_0} \right) = 2n + c_3 t_0$$

$$\leqslant 2n + c_3 T'.$$

由于 η 在 $B_{\frac{1}{2}}$ 上恒为 1, 对任意 $(t, x) \in (0, T'] \times B_{\frac{1}{2}}$,

$$F(t, x) = (\eta F)(t, x) \leqslant (\eta F)(t_0, x_0) \leqslant 2n + c_3 T'.$$

这样, 我们就得到

$$|\nabla f|^2 - 2\partial_t f \big|_{t=T'} \leqslant \frac{2n}{T'} + c_3.$$

由 $T' \in (0, T]$ 的任意性就得到结论. $\qquad\square$

下面, 我们研究热方程古代解的相关性质.

定义 3.4.1 若 $u(t, x)$ 在 $(-\infty, 0] \times \Omega$ 上满足热方程 $\partial_t u = \Delta u$, 则称 u 是 Ω 上热方程的古代解.

热方程的古代解出现于某些有限时间爆破的非线性热方程的爆破极限研究中, 分类热方程的古代解, 可以帮助理解爆破时的渐近行为, 具有重要的理论意义. 对于热方程的古代解, 我们尝试将它的性质与调和函数的相关性质作比较. 由正调和函数的 Liouville 定理, 不存在非常数的 $\mathbb{R}^n$ 上的正调和函数. 但是对于热方程情形, 存在非常数的正古代解, 例如:

例 3.4.1 $u(t, x) = \mathrm{e}^{t+x_1}$ 是 $\mathbb{R}^n$ 上的正古代解.

利用热方程的梯度估计, 我们可得到正古代解关于时间的单调性.

定理 3.4.6 设 u 是 $\mathbb{R}^n$ 上热方程的正古代解, 则

$$\partial_t u \geqslant 0, \quad \forall t \in (-\infty, 0],$$

即函数 u 关于 t 是单调不减的.

证明 对任意给定的 $T > 0$, 令 $\tilde{t} = t + T$ 以及 $v(\tilde{t}, x) = u(t, x)$, 则 v 关于 $(\tilde{t}, x)$ 是 $(0, T] \times \mathbb{R}^n$ 上热方程的正解. 由定理 3.4.4, 对任意 $\tilde{t} \in (0, T]$,

$$\frac{|\nabla v|^2}{v^2} - \frac{\partial_{\tilde{t}} v}{v} \leqslant \frac{n}{2\tilde{t}}.$$

从而对任意 $t \in (-T, 0]$,

$$\frac{|\nabla u|^2}{u^2} - \frac{\partial_t u}{u} \leqslant \frac{n}{2(t+T)}.$$

固定 $t < 0$, 选取充分大的 T 使得 $|t| < T$, 上式成立. 再令 $T \to +\infty$, 得到

$$\frac{|\nabla u|^2}{u^2} \leqslant \frac{\partial_t u}{u}.$$

从而 $\partial_t u \geqslant 0$. □

由此性质, 类比调和函数, 我们可得到热方程有界的古代解满足如下形式的 Liouville 定理:

定理 3.4.7　$\mathbb{R}^n$ 上热方程的有界古代解是常数.

证明　设 u 是 $\mathbb{R}^n$ 上热方程的有界古代解, 则

$$-\infty < \inf_{(-\infty,0] \times \mathbb{R}^n} u \leqslant \sup_{(-\infty,0] \times \mathbb{R}^n} u < +\infty.$$

令

$$v = u - \inf_{(-\infty,0] \times \mathbb{R}^n} u + 1,$$

则 v 是 $\mathbb{R}^n$ 上热方程的正古代解. 从而

$$\partial_t u = \partial_t v \geqslant 0.$$

再令

$$w = \sup_{(-\infty,0] \times \mathbb{R}^n} u - u + 1,$$

则 w 也是 $\mathbb{R}^n$ 上热方程的正古代解. 从而

$$-\partial_t u = \partial_t w \geqslant 0.$$

由此, 我们得到

$$\partial_t u \equiv 0,$$

故 $u(t,x)$ 不依赖于 t, 而只是 x 的函数, 可记为 $u(t,x) = u(x)$.

由热方程, $\Delta u = \partial_t u = 0$, 从而 u 是 $\mathbb{R}^n$ 上有界调和函数. 由有界调和函数的 Liouville 定理, u 只能是常数, 结论得证. □

3.4.3　Harnack 不等式和强极值原理

由热方程正解的梯度估计, 我们可得到其正解满足如下形式的 Harnack 不等式.

定理 3.4.8 (Harnack 不等式)　设 u 是 $(0,T] \times B_R$ 上热方程的正解. 对于任意的 $0 < t_1 < t_2 \leqslant T$, $x, y \in B_{\frac{R}{2}}$, 成立

$$u(t_1, x) \leqslant u(t_2, y) \left(\frac{t_2}{t_1}\right)^n \mathrm{e}^{\frac{R^2}{2(t_2-t_1)} + c\frac{t_2-t_1}{R^2}}, \tag{3.40}$$

其中 $c = c(n)$ 为只依赖于维数 n 的正常数.

证明 令

$$f(t, x) = \ln u(t, x), \quad (t, x) \in (0, T] \times B_R,$$

则

$$|\nabla f|^2 - 2\partial_t f = \frac{|\nabla u|^2}{u^2} - 2\frac{\partial_t u}{u}.$$

由热方程的局部梯度估计 (3.31), 令 $\alpha = 2$, 则

$$-\partial_t f \leqslant -\frac{1}{2}|\nabla f|^2 + \frac{n}{t} + \frac{c}{R^2}, \quad (t, x) \in (0, T] \times B_{\frac{R}{2}}.$$

对任意的 $0 < t_1 < t_2 \leqslant T, x, y \in B_{\frac{R}{2}}$, 考虑连接 $(t_2, y), (t_1, x)$ 的直线段

$$L(s) = (1 - s)(t_2, y) + s(t_1, x), \quad s \in [0, 1].$$

我们得到

$$\ln \frac{u(t_1, x)}{u(t_2, y)} = f(t_1, x) - f(t_2, y) = \int_0^1 \frac{\mathrm{d}}{\mathrm{d}s}(f(L(s)))\mathrm{d}s$$

$$= \int_0^1 (\nabla f(L(s)) \cdot (x - y) + \partial_t f(L(s)) \cdot (t_1 - t_2)) \, \mathrm{d}s.$$

从而

$$\ln \frac{u(t_1, x)}{u(t_2, y)} \leqslant \int_0^1 \left(|\nabla f|(L(s))|x-y| + (t_2-t_1)\left(-\frac{1}{2}|\nabla f|^2(L(s)) + \frac{n}{(1-s)t_2+st_1} + \frac{c}{R^2}\right)\right)\mathrm{d}s.$$

由于

$$|\nabla f| \cdot |x - y| - \frac{t_2 - t_1}{2}|\nabla f|^2 \leqslant \frac{|x - y|^2}{2(t_2 - t_1)},$$

我们得到

$$\ln \frac{u(t_1, x)}{u(t_2, y)} \leqslant \frac{|x - y|^2}{2(t_2 - t_1)} + n(t_2 - t_1)\int_0^1 \frac{\mathrm{d}s}{(1-s)t_2 + st_1} + c\frac{t_2 - t_1}{R^2}$$

$$= \frac{|x - y|^2}{2(t_2 - t_1)} + n\ln\frac{t_2}{t_1} + c\frac{t_2 - t_1}{R^2}.$$

两边取指数易得估计式 (3.40), 定理得证. □

推论 3.4.2 设 Ω 是有界光滑连通区域, u 是 Ω_T 上热方程的正解. 则对于任意 $\Omega' \subset\subset \Omega, 0 < t_1 < t_2 \leqslant T$, 存在不依赖于 u 的常数 $C = C(n, \Omega', \Omega, t_1, t_2)$ 使得

$$\sup_{x \in \Omega'} u(t_1, x) \leqslant C \inf_{x \in \Omega'} u(t_2, x). \tag{3.41}$$

证明 不妨假设 $\overline{\Omega'}$ 为连通集. 实际上, 记 $d(x, \partial\Omega) = \inf_{y \in \partial\Omega}|x - y|$. 对常数 $\delta > 0$, 记 $\Omega_\delta = \{y \in \Omega : d(y, \partial\Omega) > \delta\}$. 由 Ω 光滑, 当 δ 充分小时, Ω_δ 为连通集, 可以用 $\overline{\Omega_\delta}$ 代替

$\overline{\Omega'}$ 进行论证, 从而得到结论.

由于 $\overline{\Omega'}$ 是紧集, 对任意给定的 t_1, t_2, 存在 $x_1, x_2 \in \overline{\Omega'}$ 使得

$$u(t_1, x_1) = \max_{x \in \overline{\Omega'}} u(t_1, x), \quad u(t_2, x_2) = \min_{x \in \overline{\Omega'}} u(t_2, x).$$

由 $\overline{\Omega'}$ 的紧性和连通性可知, 存在 $y_0, y_1, \cdots, y_N \in \overline{\Omega'}$ 以及 $r > 0$, 使得 $y_0 = x_1$, $y_N = x_2$, 并且

$$\overline{\Omega'} \subset \bigcup_{i=0}^{N} B_{\frac{r}{2}}(y_i) \subset \Omega,$$

$$|y_i - y_{i+1}| < \frac{r}{2}, \quad i = 0, 1, \cdots, N - 1.$$

例如, 取 $r = d(\Omega', \partial\Omega) = \inf_{x \in \Omega', y \in \partial\Omega} |x - y| > 0$, N 取决于 Ω, Ω'.

令 $s_i = t_1 + \dfrac{i}{N}(t_2 - t_1)$, $i = 0, 1, \cdots, N$. 对任意的 $i = 0, 1, \cdots, N-1$, 由定理 3.4.8,

$$u(s_i, y_i) \leqslant C_i u(s_{i+1}, y_{i+1}),$$

其中

$$C_i = \left(\frac{s_{i+1}}{s_i}\right)^n e^{\frac{R^2}{2(s_{i+1} - s_i)} + 10c\frac{s_{i+1} - s_i}{R^2}}.$$

这里 $R = \dfrac{r}{2}$, $s_{i+1} - s_i = \dfrac{t_2 - t_1}{N}$, 于是

$$\frac{s_{i+1}}{s_i} = 1 + \frac{s_{i+1} - s_i}{s_i} = 1 + \frac{t_2 - t_1}{Ns_i} \leqslant 1 + \frac{t_2 - t_1}{Nt_1}.$$

因此

$$C_i \leqslant \overline{C} = \overline{C}(t_1, t_2, \Omega', \Omega, n),$$

即

$$u(s_i, y_i) \leqslant \overline{C}u(s_{i+1}, y_{i+1}), \quad i = 1, 2, \cdots, N - 1,$$

从而

$$u(t_1, x_1) = u(s_0, y_0) \leqslant \overline{C}u(s_1, y_1) \leqslant \cdots \leqslant \overline{C}^N u(s_N, y_N) = \overline{C}^N u(t_2, x_2).$$

定理得证.　　　　　　　　　　　　　　　　　　　　　　　　　　$\square$

进一步地, 我们可以得到热方程的强极值原理.

定理 3.4.9　u 是 Ω_T 上热方程的解, 若存在 $(t_0, x_0) \in \Omega_T$, 使得

$$u(t_0, x_0) = \max_{\overline{\Omega_T}} u,$$

则 u 在 $\overline{\Omega_{t_0}}$ 上是常数.

证明 对于任意 $\varepsilon > 0$, 令

$$v_\varepsilon = \max_{\overline{\Omega_T}} u - u + \varepsilon,$$

则 v_ε 是 Ω_T 上热方程的正解.

从而由推论 3.4.2, 对于任意包含 x_0 的 $\Omega' \subset\subset \Omega$, $0 < t_1 < t_0$, 存在 $C = C(n, \Omega', \Omega, t_1, t_0)$, 使得

$$\sup_{x \in \Omega'} v_\varepsilon(t_1, x) \leqslant C \inf_{x \in \Omega'} v_\varepsilon(t_0, x) \leqslant C v_\varepsilon(t_0, x_0) = C\varepsilon.$$

令 $\varepsilon \to 0$, 得到

$$\max_{\overline{\Omega_T}} u - u(t_1, x) \leqslant 0, \quad \forall x \in \Omega',$$

从而

$$u(t_1, x) = \max_{\overline{\Omega_T}} u, \quad \forall x \in \Omega'.$$

由 Ω' 和 t_1 的任意性, 定理得证. $\qquad\qquad\square$

3.4.4 Cauchy 问题解的唯一性

我们考虑热方程的 Cauchy 问题

$$\begin{cases} \partial_t u - \Delta u = f, & (t, x) \in \mathbb{R}_T^n, \\ u(0, x) = g(x), & x \in \mathbb{R}^n \end{cases}$$

解的唯一性问题.

先考虑一维的简单情形:

$$\begin{cases} \partial_t u - \partial_x^2 u = 0, & (t, x) \in \mathbb{R}_T, \\ u(0, x) = 0, & x \in \mathbb{R}. \end{cases}$$

显然 $u \equiv 0$ 是方程的一个解. 我们用级数的方法, 试图构造另一个非平凡解.

假设 u 有形式幂级数表示

$$u(t, x) = \sum_{j=0}^{\infty} u_j(t) x^j, \quad (t, x) \in \mathbb{R}_T.$$

进一步假设 u 是关于 x 的偶函数, 即

$$u_{2k+1} \equiv 0, \quad \forall k \in \mathbb{N}.$$

作形式计算, 通过比较 x^j 前面的系数, 热方程 $\partial_t u - \partial_x^2 u = 0$ 等价于

$$u'_{2k} = (2k+2)(2k+1)u_{2k+2}, \quad k \in \mathbb{N}.$$

因此, 只要选定 $u_0(t)$, 由上述关系式, 有

$$u_{2k} = \frac{u_0^{(k)}(t)}{(2k)!}, \quad k = 1, 2, \cdots.$$

从而有

$$u(t,x) = \sum_{k=0}^{\infty} \frac{u_0^{(k)}(t)}{(2k)!} x^{2k}, \quad (t,x) \in \mathbb{R}_T. \tag{3.42}$$

我们选取适当的 $u_0(t)$ 使得上述幂级数一致收敛.

取

$$u_0(t) = \begin{cases} e^{-\frac{1}{t^a}}, & t > 0, \\ 0, & t \leqslant 0, \end{cases}$$

其中 $a > 1$. 可以证明: 存在常数 $c(a) > 0$, 使得

$$|u_0^{(k)}(t)| \leqslant \frac{k!}{(ct)^k} e^{-\frac{1}{2t^a}}, \quad \forall t > 0, \ k \in \mathbb{N}. \tag{3.43}$$

从而 (3.42) 绝对收敛, 且 $u, \partial_t u, \partial_x^2 u$ 在 $t > 0, x \in \mathbb{R}$ 上内闭一致收敛, 并满足 $\partial_t u - \partial_x^2 u = 0$. 注意到 $u(0,x) \equiv 0$, 即函数 $u(t,x)$ 满足初值条件. 我们得到了一个非零解.

对于 $\mathbb{R}^n$ 上的热方程, 设 $v(t,x) = u(t,x_1)$, 则 v 是 $\mathbb{R}^n$ 上热方程 Cauchy 问题的初值为零的非平凡解. 从而 $\mathbb{R}^n$ 上热方程 Cauchy 问题的解是不唯一的. 如果将 $v(t,x)$ 理解为全空间的热分布, 初始时刻全空间的热分布为零, 然而对于任意 $t > 0$ 时刻, 全空间产生了非零热分布 (有正有负). 这是违背物理实际的, 现实世界中, 热量不会无中生有. 这种奇怪的解 v 称为 "非物理解".

为了在一定条件下排除此类 "非物理解", 进而得到热方程 Cauchy 问题解的唯一性, 我们介绍如下极值原理.

定理 3.4.10   设 $u(t,x)$ 是 $\mathbb{R}_T^n$ 上热方程的解, 若存在 $A > 0, C > 0$ 使得

$$u(t,x) \leqslant C e^{A|x|^2}, \quad \forall (t,x) \in [0,T] \times \mathbb{R}^n, \tag{3.44}$$

则

$$\sup_{\mathbb{R}_T^n} u \leqslant \sup_{\mathbb{R}^n} u(0,\cdot).$$

注 3.4.4   前面构造的 "非物理解" 满足: 对任意的 $\varepsilon > 0$, 存在常数 $C, A > 0$, 使得

$$|u(t,x)| \leqslant C e^{A|x|^{2+\varepsilon}}, \quad \forall (t,x) \in [0,T] \times \mathbb{R}^n.$$

故定理中增长条件 $e^{A|x|^2}$ 的阶数是最优的.

证明　只需证明, 当 $T < \dfrac{1}{8A}$ 时, 结论成立. 实际上, 对于一般的 T, 将 $[0,T]$ 划分为 $[0,T_1], [T_1,T_2], \cdots$, 使得每一个子区间长度小于 $\dfrac{1}{8A}$, 再应用已证明的结论即可.

不妨假设 $\sup\limits_{\mathbb{R}^n} u(0,\cdot) < +\infty$, 否则结论是平凡的. 对于任意 $\delta > 0$, 考虑

$$v(t,x) = u(t,x) - \frac{\delta}{(2T-t)^{\frac{n}{2}}} \mathrm{e}^{\frac{|x|^2}{4(2T-t)}},$$

直接计算可以验证 v 是 $\mathbb{R}_T^n$ 上热方程的解. 对于 $R > 0$, 我们在 $[0,T] \times B_R$ 上应用弱极值原理, 即定理 3.4.1, 得到

$$\sup_{[0,T] \times B_R} v \leqslant \sup_{\Gamma_T} v, \tag{3.45}$$

其中 $\Gamma_T = (\{0\} \times B_R) \cup ([0,T] \times \partial B_R)$. 我们估计边界 Γ_T 上 v 的上界.

对于 $t = 0$, $x \in B_R$,

$$v(0,x) = u(0,x) - \frac{\delta}{(2T)^{\frac{n}{2}}} \mathrm{e}^{\frac{|x|^2}{8T}} \leqslant u(0,x) \leqslant \sup_{\mathbb{R}^n} u(0,\cdot);$$

对于 $t \in [0,T]$, $x \in \partial B_R$, 注意到 $A < \frac{1}{8T}$,

$$v(t,x) = u(t,x) - \frac{\delta}{(2T-t)^{\frac{n}{2}}} \mathrm{e}^{\frac{|x|^2}{4(2T-t)}} \leqslant C\mathrm{e}^{AR^2} - \frac{\delta}{(2T)^{\frac{n}{2}}} \mathrm{e}^{\frac{R^2}{8T}} \to -\infty, \quad R \to +\infty.$$

故存在 R_0, 当 $R \geqslant R_0$ 时

$$v(t,x) \leqslant \sup_{\mathbb{R}^n} u(0,\cdot), \quad \forall (t,x) \in [0,T] \times \partial B_R.$$

从而由 (3.45) 得到,

$$\sup_{[0,T] \times B_R} v \leqslant \sup_{\mathbb{R}^n} u(0,\cdot),$$

其中 $R \geqslant R_0$. 令 $R \to +\infty$, 得到

$$\sup_{\mathbb{R}_T^n} v \leqslant \sup_{\mathbb{R}^n} u(0,\cdot).$$

因此, 对于任意 $(t,x) \in [0,T] \times \mathbb{R}^n$,

$$v(t,x) = u(t,x) - \frac{\delta}{(2T-t)^{\frac{n}{2}}} \mathrm{e}^{\frac{|x|^2}{4(2T-t)}} \leqslant \sup_{\mathbb{R}^n} u(0,\cdot).$$

令 $\delta \to 0$, 结论得证. □

由以上定理, 在假设解的增长条件下, 我们可以得到热方程 Cauchy 问题解的唯一性.

推论 3.4.3　设 $f \in C([0,T] \times \mathbb{R}^n)$, $g \in C(\mathbb{R}^n)$, 则 Cauchy 问题

$$\begin{cases} \partial_t u - \Delta u = f, & (t,x) \in (0,T) \times \mathbb{R}^n, \\ u(0,x) = g(x), & x \in \mathbb{R}^n \end{cases}$$

至多存在一个满足

$$|u(t,x)| \leqslant Ce^{A|x|^2}, \quad \forall (t,x) \in [0,T] \times \mathbb{R}^n$$

的解 u, 其中 $C, A > 0$.

证明 设 u_1, u_2 为满足增长条件的两个解, 记 $v = u_1 - u_2$, 则 v 满足

$$|v(t,x)| \leqslant 2Ce^{A|x|^2}, \quad \forall (t,x) \in [0,T] \times \mathbb{R}^n.$$

由定理 3.4.10,

$$v(t,x) \leqslant \sup_{\mathbb{R}^n} v(0,\cdot) = 0,$$

故 $u_1 \leqslant u_2$.

交换 u_1, u_2 的位置, 重复以上验证过程得到 $u_2 \leqslant u_1$, 从而结论得证. □

推论 3.4.4 若 $P_t\varphi$ 是 Cauchy 问题 (3.21) 的解, 且存在 $A > 0$, $C > 0$ 使得

$$|P_t\varphi(x)| \leqslant Ce^{A|x|^2}, \quad \forall (t,x) \in [0,T] \times \mathbb{R}^n, \tag{3.46}$$

则 $P_t\varphi(x)$ 给出该问题满足增长性条件 (3.46) 的唯一解.

定理 3.4.11 设 φ 为 $\mathbb{R}^n$ 上的有界连续函数, 则 $P_t\varphi = H(t,\cdot) * \varphi$ 给出了 Cauchy 问题 (3.21) 满足增长性条件 (3.46) 的唯一解.

证明 由定理 3.3.1, 仅需说明唯一性. 由定理 3.3.2(2),

$$|P_t\varphi(x)| \leqslant \|P_t\varphi\|_{L^\infty(\mathbb{R}^n)} \leqslant \|\varphi\|_{L^\infty(\mathbb{R}^n)}, \quad \forall (t,x) \in [0,T] \times \mathbb{R}^n,$$

从而应用推论 3.4.4, 即知结论成立. □

3.4.5 热半群的基本性质和应用

在这一小节, 我们来说明热方程的解关于时间的衰减性质.

定理 3.4.12 设 Ω 是有界光滑区域, u 是 Ω_T 上热方程的解, 满足 $u(t,x) = 0$, $\forall t \in [0,T]$, $x \in \partial\Omega$, 则

$$\int_\Omega u^2(t,x)\mathrm{d}x \leqslant e^{-2\lambda_1 t} \int_\Omega u^2(0,x)\mathrm{d}x.$$

这里 λ_1 是 Ω 上 Dirichlet 边界条件下, 算子 $-\Delta$ 的第一特征值.

证明 记 $e(t) = \displaystyle\int_\Omega u^2(t,x)\mathrm{d}x$, 则有

$$e'(t) = 2 \int_\Omega u \cdot \partial_t u \mathrm{d}x = 2 \int_\Omega u\Delta u \mathrm{d}x = -2 \int_\Omega |\nabla u|^2 \mathrm{d}x$$

$$\leqslant -2\lambda_1 \int_\Omega u^2 \mathrm{d}x = -2\lambda_1 e(t),$$

即有

$$e(t) \leqslant e(0)e^{-2\lambda_1 t},$$

定理得证. □

定理 3.4.13　若 u 是 $\mathbb{R}_T^n$ 上热方程的有界解, 且 $u(0,x) = \varphi(x)$ 是有界连续函数, 满足 $\|\varphi\|_{L^1(\mathbb{R}^n)} < +\infty$, 则 $\forall t > 0, x \in \mathbb{R}^n$,

$$|u(t,x)| \leqslant \frac{1}{(4\pi t)^{\frac{n}{2}}} \|\varphi\|_{L^1(\mathbb{R}^n)},$$

$$|\nabla u(t,x)| \leqslant \frac{C(n)}{\sqrt{t}} \|\varphi\|_{L^\infty(\mathbb{R}^n)}.$$

证明　由于 $P_t\varphi(x)$ 是 $\mathbb{R}_T^n$ 上热方程的有界解, 由推论 3.4.3,

$$u(t,x) = P_t\varphi(x).$$

对于第一个结论,

$$|u(t,x)| \leqslant \int_{\mathbb{R}^n} \frac{1}{(4\pi t)^{\frac{n}{2}}} e^{-\frac{|x-y|^2}{4t}} |\varphi(y)| \mathrm{d}y$$

$$\leqslant \frac{1}{(4\pi t)^{\frac{n}{2}}} \int_{\mathbb{R}^n} |\varphi(y)| \mathrm{d}y.$$

对于第二个结论, 由于热核的衰减性,

$$\nabla u(t,x) = \int_{\mathbb{R}^n} \nabla_x H(t, x-y) \varphi(y) \mathrm{d}y = \int_{\mathbb{R}^n} \frac{1}{(4\pi t)^{\frac{n}{2}}} \frac{y-x}{2t} e^{-\frac{|x-y|^2}{4t}} \varphi(y) \mathrm{d}y,$$

$$|\nabla u(t,x)| \leqslant C\|\varphi\|_{L^\infty(\mathbb{R}^n)} \int_{\mathbb{R}^n} \frac{|y-x|}{t^{\frac{n}{2}+1}} e^{-\frac{|x-y|^2}{4t}} \mathrm{d}y$$

$$= \frac{C}{\sqrt{t}} \|\varphi\|_{L^\infty(\mathbb{R}^n)} \int_{\mathbb{R}^n} |z| e^{-\frac{1}{4}|z|^2} \mathrm{d}z$$

$$\leqslant \frac{C}{\sqrt{t}} \|\varphi\|_{L^\infty(\mathbb{R}^n)}.$$

这里我们应用了变换 $z = \dfrac{y-x}{\sqrt{t}}$.

故定理成立. □

定理 3.4.14　对于 $f \in \mathcal{S}(\mathbb{R}^n)$, 对于任意 $t > 0, x \in \mathbb{R}^n$,

$$\nabla P_t f(x) = P_t(\nabla f)(x),$$

其中

$$P_t(\nabla f)(x) = (P_t\partial_{x_1}f(x), P_t\partial_{x_2}f(x), \cdots, P_t\partial_{x_n}f(x))$$

进一步地, 对于任意 $1 \leqslant p < +\infty$,

$$|\nabla P_t f|^p(x) \leqslant P_t(|\nabla f|^p)(x).$$

证明　利用热核的衰减性, 由直接计算可得

$$\nabla_x P_t f(x) = \nabla_x \int_{\mathbb{R}^n} H(t,y)f(x-y)\mathrm{d}y = \int_{\mathbb{R}^n} H(t,y)\nabla_x f(x-y)\mathrm{d}y$$

$$= \int_{\mathbb{R}^n} H(t,x-y)\nabla_y f(y)\mathrm{d}y.$$

由以上等式与 Hölder 不等式, 以及 $\int_{\mathbb{R}^n} H(t,x-y)\mathrm{d}y = 1$,

$$|\nabla_x P_t f(x)|^p = \left| \int_{\mathbb{R}^n} H(t,x-y)\nabla f(y)\mathrm{d}y \right|^p \leqslant \int_{\mathbb{R}^n} H(t,x-y)|\nabla f|^p(y)\mathrm{d}y.$$

从而结论得证. □

以上关于梯度的不等式称为**热半群的梯度不等式**, 在概率论和半群理论中有重要应用.

命题 3.4.2　对于任意 $f \in C_c^\infty(\mathbb{R}^n)$,

$$2t|\nabla P_t f|^2 \leqslant P_t(f^2) - (P_t f)^2 \leqslant 2t P_t |\nabla f|^2.$$

证明　给定 $t > 0$, 定义

$$\phi(s,x) = P_s(P_{t-s}f)^2(x), \tag{3.47}$$

则 $P_t(f^2) = \phi(t,x)$, $(P_t f)^2 = \phi(0,x)$. 对 (3.47) 关于 s 求导, 并注意到 $f \in C_c^\infty(\mathbb{R}^n)$, 可通过分部积分得到

$$\frac{\partial}{\partial s}\phi(s,x) = \Delta P_s(P_{t-s}f)^2 - P_s(2P_{t-s}f \cdot \Delta P_{t-s}f)$$

$$= P_s(\Delta(P_{t-s}f)^2 - 2P_{t-s}f\Delta P_{t-s}f) = 2P_s(|\nabla P_{t-s}f|^2).$$

由定理 3.4.14, 我们有

$$2P_s(|\nabla P_{t-s}f|^2) \geqslant 2|\nabla(P_s P_{t-s}f)|^2 = 2|\nabla P_t f|^2,$$

$$2P_s(|\nabla P_{t-s}f|^2) \leqslant 2P_s P_{t-s}(|\nabla f|^2) = 2P_t(|\nabla f|^2).$$

因此,

$$2|\nabla P_t f|^2 \leqslant \frac{\partial}{\partial s}\phi \leqslant 2P_t(|\nabla f|^2), \quad \forall 0 < s < t,$$

两边对 s 积分, 得到结论. □

最后, 我们利用热半群的性质, 再次得到有界调和函数的 Liouville 定理.

定理 3.4.15　$\mathbb{R}^n$ 上的有界调和函数是常数.

证明　设 f 是 $\mathbb{R}^n$ 上的有界调和函数. 显然 $u(t,x) := f(x)$, $\forall t > 0$, $x \in \mathbb{R}^n$ 是热方程 $\partial_t u = \Delta u$ 的一个有界解. 由定理 3.4.11, $P_t f = f$.

令 $\varphi_k \in C_c^\infty(\mathbb{R}^n)$ 满足

$$\begin{cases} \varphi_k(x) \equiv 1, & x \in B_k, \\ \varphi_k(x) \equiv 0, & x \in \mathbb{R}^n \backslash B_{2k}, \\ 0 \leqslant \varphi_k \leqslant 1, \ |D^l \varphi_k| \leqslant \dfrac{C_l}{k^l}, \quad l = 1, 2, \cdots, \quad x \in \mathbb{R}^n. \end{cases}$$

令 $f_k = f\varphi_k$, 则 f_k 具有紧支集, 且 f_k 在 $\mathbb{R}^n$ 中一致有界, 且内闭一致收敛到 f. 由命题 3.4.2 知

$$|\nabla P_t f_k|^2 \leqslant \frac{P_t(f_k^2) - (P_t f_k)^2}{2t} \leqslant \frac{P_t(f_k^2)}{2t},$$

再由定理 3.3.2(2), 可知

$$|\nabla P_t f_k|^2 \leqslant \frac{P_t(f_k^2)}{2t} \leqslant \frac{\|f_k^2\|_{L^\infty(\mathbb{R}^n)}}{2t} \leqslant \frac{M^2}{2t},$$

其中 $M = \sup\limits_{x \in \mathbb{R}^n} |f(x)|$. 因此, 任意给定 $x, y \in \mathbb{R}^n$, 取 k 充分大, 使得 $x, y \in B_k$, 则由中值定理得,

$$|P_t f_k(x) - P_t f_k(y)| \leqslant \frac{M}{\sqrt{2t}} |x - y|.$$

令 $k \to +\infty$, 再令 $t \to +\infty$, 我们得到 $f(x) = f(y)$. 由 x, y 的任意性, 就得到 f 在 $\mathbb{R}^n$ 上为常数. $\qquad\square$

习题 3.4

1. 设 $u(t,x) \in C_t^1 C_x^2(\Omega_T) \cap C(\overline{\Omega_T})$ 满足

$$\begin{cases} \partial_t u - \Delta u + c(x)u \leqslant 0, & (t,x) \in \Omega_T, \\ u(t,x) \leqslant 0, & (t,x) \in \Gamma_T, \end{cases}$$

其中 $c(x) \geqslant -c_0$ 为一个下有界的连续函数, $c_0 > 0$. 证明

$$u(t,x) \leqslant 0, \quad (t,x) \in \Omega_T.$$

2. 设 u 为如下方程的经典解

$$\begin{cases} \partial_t u - \Delta u + cu = f, & (t,x) \in \Omega_T, \\ u(0,x) = u_0(x), & x \in \Omega, \\ u(t,x) = \varphi(t,x), & (t,x) \in [0,T] \times \partial\Omega, \end{cases}$$

其中 $f \in C(\overline{\Omega_T})$, $u_0 \in C(\overline{\Omega})$, $\varphi \in C([0,T] \times \partial\Omega)$ 且 $c(x) \geqslant -c_0$ 为一个下有界的连续函数, $c_0 > 0$. 证明

$$\sup_{\Omega_T} |u| \leqslant e^{c_0 T} \left[\max \left(\sup_{\Omega} |u_0|, \sup_{(0,T) \times \partial\Omega} |\varphi| \right) + T \sup_{\Omega_T} |f| \right].$$

(提示: 记 $B = \sup\limits_{\Gamma_T} |u|, F = \sup\limits_{\Omega_T} |f|$, 考虑辅助函数 $v = e^{c_0 t}(Ft + B)$, 并利用上一题的结论.)

**3. 设 u 为如下方程的有界经典解

$$\begin{cases} \partial_t u - \Delta u + cu = f, & (t,x) \in (0,T] \times \mathbb{R}^n, \\ u(0,x) = u_0(x), & x \in \mathbb{R}^n, \end{cases}$$

其中 f, u_0 为有界连续函数, $c(x) \geqslant -c_0$ 为一个下有界的连续函数, $c_0 > 0$. 证明

$$\sup_{\mathbb{R}^n \times (0,T)} |u| \leqslant e^{c_0 T} \left(\sup_{\mathbb{R}^n} |u_0| + T \sup_{(0,T) \times \mathbb{R}^n} |f| \right).$$

(提示: 记 $B = \sup\limits_{\mathbb{R}^n} |u_0|, F = \sup\limits_{(0,T) \times \mathbb{R}^n} |f|$, 先限制在 B_R 上, 待定函数 v_R, 考虑辅助函数 $w = e^{c_0 t}(Ft + B + v_R)$, 再令 $R \to +\infty$.)

4. 假设热方程正解的梯度估计 (3.31) 在 $R = 1$ 时成立, 证明 $\forall R > 0$, (3.31) 成立.

5. 构造截断函数 η 满足 (3.36).

*6. 对于任意 $\alpha > 1$, 证明 (3.31) 成立.

*7. 证明 (3.43) 成立. (提示: 利用解析函数的 Cauchy 积分公式.)

*8. 设 $\varphi(x) \in C^2(\mathbb{R}^n)$ 是下调和函数 (即 $\Delta\varphi \geqslant 0$), 且

$$|\varphi(x)| + |\nabla\varphi(x)| + |\Delta\varphi(x)| \leqslant C, \quad \forall x \in \mathbb{R}^n.$$

设 u 是热方程 Cauchy 问题 (3.21) 的有界解. 证明:

(1) $u(t,x)$ 关于 t 是单调递增的;

(2) 令 $v(x) = \lim\limits_{t \to \infty} u(t,x)$, 则 $\Delta v = 0$;

(3) v 是常数.

*9. 设 Ω 为 $\mathbb{R}^n$ 中的有界区域, $u_0 \in C(\overline{\Omega})$. 若 $u \in C_t^1 C_x^2((0,+\infty) \times \Omega) \cap C([0,+\infty) \times \overline{\Omega})$ 满足

$$\begin{cases} \partial_t u - \Delta u = 0, & (t,x) \in (0,+\infty) \times \Omega, \\ u(0,x) = u_0(x), & x \in \Omega, \\ u(t,x) = 0, & (t,x) \in (0,+\infty) \times \partial\Omega. \end{cases}$$

证明

$$\sup_{\Omega} |u(\cdot,t)| \leqslant C e^{-\mu t} \sup_{\Omega} |u_0|, \quad t > 0,$$

其中 μ, C 为只依赖于 n 和 Ω 的正常数.

****10. (1) 设 u 是如下方程的经典解

$$\begin{cases} \partial_t u - \Delta u = 0, & (t,x) \in [0,T] \times \mathbb{R}^n, \\ u(0,x) = 0, & x \in \mathbb{R}^n. \end{cases}$$

若对任意的 $(t,x) \in [0,T] \times \mathbb{R}^n$ 都有 $u(t,x) \geqslant 0$, 则 $u \equiv 0$.

(2) 若 u 为如下热方程的经典非负解,

$$\begin{cases} \partial_t u - \Delta u = 0, & (t,x) \in (0,\infty) \times \mathbb{R}^n, \\ u(x,0) = f(x), & x \in \mathbb{R}^n, \end{cases}$$

其中 f 为有界非负连续函数, 则

$$u(x,t) = \frac{1}{(4\pi t)^{\frac{n}{2}}} \int_{\mathbb{R}^n} f(y) \mathrm{e}^{-\frac{|x-y|^2}{4t}} \mathrm{d}y.$$

3.5 能量方法和解的唯一性

除了与调和方程类似的极值原理与 L^∞ 范数估计外, 热方程这类与时间有关的偏微分方程还可以利用能量方法得到 L^2 范数估计, 并用它来分析解的性质.

3.5.1 能量方法和初边值问题解的唯一性

对热方程

$$\partial_t u - \Delta u = 0,$$

我们常用的能量方法是将方程两边同时乘解 u, 并对空间变量积分, 从而得到解的 L^2 范数随时间的变化规律. 下面我们利用这一方法来证明初边值问题解的唯一性.

$$\begin{cases} \partial_t u - \Delta u = f(t,x), & (t,x) \in (0,+\infty) \times \Omega, \\ u(0,x) = \varphi(x), & x \in \Omega, \\ u(t,x) = g, & (t,x) \in (0,+\infty) \times \partial\Omega, \end{cases} \tag{3.48}$$

其中 $\Omega \subset \mathbb{R}^n$ 是具有光滑边界的有界区域, $\varphi \in C^2(\Omega) \cap C(\overline{\Omega})$ 满足相容性条件 $\varphi|_{\partial\Omega} = g|_{\{0\} \times \partial\Omega}$.

为了证明解的唯一性, 我们假设 $u_1(t,x)$ 与 $u_2(t,x)$ 都是初边值问题 (3.48) 的解. 令

$$w = u_1 - u_2,$$

则 w 满足

$$\begin{cases} \partial_t w - \Delta w = 0, & (t,x) \in (0,+\infty) \times \Omega, \\ w(0,x) = 0, & x \in \Omega, \\ w(t,x) = 0, & (t,x) \in (0,+\infty) \times \partial\Omega. \end{cases} \tag{3.49}$$

如同前面所说的, 我们在方程两边同时乘 w, 得到

$$w\partial_t w - w\Delta w = 0,$$

将它在 Ω 上积分, 得到

$$\int_\Omega w\partial_t w \mathrm{d}x - \int_\Omega w\Delta w \mathrm{d}x = 0.$$

注意到 w 满足的边界条件, 我们通过分部积分可得

$$\frac{1}{2}\frac{\mathrm{d}}{\mathrm{d}t}\int_\Omega w^2 \mathrm{d}x + \int_\Omega |\nabla w|^2 \mathrm{d}x = 0,$$

则关于 t 积分有

$$\frac{1}{2}\int_\Omega w^2(t,x)\mathrm{d}x + \int_0^t \int_\Omega |\nabla w(\tau,x)|^2 \mathrm{d}x\mathrm{d}\tau = \frac{1}{2}\int_\Omega w^2(0,x)\mathrm{d}x.$$

利用 w 的零初值条件, 我们就得到

$$\frac{1}{2}\int_\Omega w^2 \mathrm{d}x = 0,$$

从而

$$w(t,x) \equiv 0.$$

即 $u_1 = u_2$. $\qquad\square$

3.5.2 倒向唯一性

利用能量方法并附加一定的分析技巧, 有时我们能够得到用其他方法很难获取的解的性质, 例如下面热方程解的倒向唯一性:

定理 3.5.1 *若 $u_1(t,x)$ 及 $u_2(t,x)$ 分别是热方程初边值问题:*

$$\begin{cases} \partial_t u_i - \Delta u_i = f(t,x), & (t,x) \in (0,+\infty) \times \Omega, \\ u_i(0,x) = \varphi_i(x), & x \in \Omega, \\ u_i(t,x) = g(t,x), & (t,x) \in (0,+\infty) \times \partial\Omega \end{cases}$$

的解, 其中 $i = 1,2$, 并且存在 $T > 0$, 使得

$$u_1(T,x) = u_2(T,x), \quad \forall x \in \Omega,$$

则有

$$u_1(t,x) = u_2(t,x), \quad \forall (t,x) \in [0,T] \times \Omega.$$

证明 我们取

$$w = u_1 - u_2,$$

则 $w(T,x) = 0$, 并且 w 满足初边值问题:

$$\begin{cases} \partial_t w - \Delta w = 0, & (t,x) \in (0,+\infty) \times \Omega, \\ w(0,x) = \varphi_1(x) - \varphi_2(x), & x \in \Omega, \\ w(t,x) = 0, & (t,x) \in (0,+\infty) \times \partial\Omega. \end{cases}$$

记能量

$$e(t) = \int_\Omega w^2(t,x) \mathrm{d}x, \tag{3.50}$$

我们先证明该能量的自然对数 $\ln e(t)$ 是凸函数, 再利用凸函数的插值性质推得若 $e(t)$ 在某时刻为 0, 则它在这一时刻之前也为 0. 事实上, 像之前一样使用能量方法对方程操作, 可得

$$e'(t) = 2 \int_\Omega w \Delta w \mathrm{d}x \tag{3.51}$$

及

$$e'(t) = -2 \int_\Omega |\nabla w|^2 \mathrm{d}x. \tag{3.52}$$

对 (3.51), 我们利用 Cauchy-Schwarz 不等式得到

$$(e'(t))^2 \leqslant 4 \left(\int_\Omega w^2 \mathrm{d}x \right) \left(\int_\Omega (\Delta w)^2 \mathrm{d}x \right).$$

为了处理 $(\Delta w)^2$ 项, 我们使用能量积分方法中另一个常用的技巧, 即给 w 满足的热方程两边同时乘 Δw, 并作分部积分得

$$\int_\Omega (\Delta w)^2 \mathrm{d}x = \int_\Omega (\Delta w)(\partial_t w) \mathrm{d}x = -\int_\Omega \nabla w \cdot \partial_t \nabla w \mathrm{d}x$$
$$= -\frac{1}{2} \int_\Omega \partial_t |\nabla w|^2 \mathrm{d}x = -\frac{1}{2} \frac{\mathrm{d}}{\mathrm{d}t} \int_\Omega |\nabla w|^2 \mathrm{d}x.$$

利用 (3.52), 我们有

$$\int_\Omega (\Delta w)^2 \mathrm{d}x = \frac{1}{4} e''(t).$$

从而

$$(e'(t))^2 \leqslant e(t) e''(t). \tag{3.53}$$

下面我们利用已知的 $e(T) = 0$ 来证明 $e(t) = 0$. 事实上, 用反证法, 若存在 $0 \leqslant t_1 <$

$t_2 \leqslant T$, 使得

$$e(t) > 0, \quad \forall t \in [t_1, t_2] \quad \text{且} \quad e(t_2) = 0.$$

那么我们可以在 $t \in [t_1, t_2)$ 上定义

$$f(t) = \ln e(t),$$

并得到

$$f'(t) = \frac{e'(t)}{e(t)}, \quad f''(t) = \frac{e''(t)e(t) - (e'(t))^2}{e(t)^2} \geqslant 0.$$

即 f 是 $[t_1, t_2)$ 上的凸函数.

因此, 对任意给定的 $\tau \in (0, 1)$ 及 $t \in (t_1, t_2)$, 我们有

$$f((1 - \tau)t_1 + \tau t) \leqslant (1 - \tau)f(t_1) + \tau f(t),$$

即

$$e((1 - \tau)t_1 + \tau t) \leqslant e(t_1)^{(1 - \tau)} e(t)^{\tau}.$$

取 $t \to t_2$, 即得

$$e((1 - \tau)t_1 + \tau t_2) \leqslant e(t_1)^{(1 - \tau)} e(t_2)^{\tau} = 0,$$

即

$$e(t) \equiv 0, \quad \forall t \in [t_1, t_2].$$

这与假设 $e(t) > 0, \forall t \in (t_1, t_2)$ 矛盾, 从而我们有

$$w(t, x) \equiv 0, \quad \forall (t, x) \in [0, T] \times \Omega,$$

即得到热方程的倒向唯一性.   □

以上定理描述了热方程倒向问题解的唯一性, 但是由于热方程本身描述了热的传导与物质的扩散, 从物理现象上我们可以猜测热方程的倒向 Cauchy 问题 (即其古代解)

$$\begin{cases} \partial_t u - \Delta u = 0, & (t, x) \in (-\infty, 0) \times \mathbb{R}^n, \\ u(0, x) = \varphi(x), & x \in \mathbb{R}^n \end{cases} \tag{3.54}$$

应当是不适定的. 事实上, 若 (3.54) 的解 $u = u(t, x)$ 在 $t \in [-\tau, 0]$ 上存在, 那么 $u = u(t, x)$ 也是以 $u(\tau_0, x)$ 为初值, 在 $t \in [-\tau_0, 0]$ $(\tau_0 \in [-\tau, 0))$ 上正向热方程 Cauchy 问题的解, 可以证明正向热方程的解关于空间是解析的 (特殊情形是对于 Cauchy 问题的显示表达式可以证明是解析的), 因此对于一般的非解析的 $\varphi(x)$, 倒向热方程 Cauchy 问题的解不存在.

事实上, 对于解析的 $\varphi(x)$, 即使倒向热方程的解存在, 它也是不稳定的. 为了叙述方便, 我们考虑倒向热方程的初边值问题

$$\begin{cases} \partial_t u - \partial_x^2 u = 0, & (t,x) \in (-\infty, 0) \times (0, \pi), \\ u(0,x) = \varphi(x), & x \in (0, \pi), \\ u(t,0) = u(t,\pi) = 0, & t \in (-\infty, 0). \end{cases} \tag{3.55}$$

我们知道 $u \equiv 0$ 是对应 $\varphi(x) \equiv 0$ 的一个特解, 下面我们说明其在 L^2 空间中关于小扰动是不稳定的, 即对任意给定的一组 $\varepsilon > 0$, $M > 0$, $t_0 > 0$, 存在 $\varphi(x)$ 及问题 (3.55) 的解 $u = u(t,x)$, 使得

$$\|\varphi\|_{L^2(0,\pi)} \leqslant \varepsilon,$$

$$\|u(-t_0, \cdot)\|_{L^2(0,\pi)} \geqslant M.$$

事实上, 令 $k > \left[\sqrt{\dfrac{1}{t_0} \ln \dfrac{M}{\varepsilon}} \right]$, 利用 3.1 节中例 3.1.3 的结果, 容易验证

$$\varphi(x) = \sqrt{\frac{2}{\pi}} \varepsilon \sin kx,$$

$$u(t,x) = \sqrt{\frac{2}{\pi}} \varepsilon e^{-k^2 t} \sin kx$$

即为所求.

在上述讨论中我们说明了热方程正向问题与倒向问题具有截然不同的性质, 这其实也表明热方程是 "时间不可逆" 的. 实际上, 从之前的极值原理, 能量估计等性质中均能看到这一现象.

习题 3.5

1. 利用能量方法证明以下初边值问题解的唯一性.

$$\begin{cases} \partial_t u - \Delta u = f(t,x), & (t,x) \in (0, +\infty) \times \Omega, \\ u(0,x) = \varphi(x), & x \in \Omega, \\ \dfrac{\partial u}{\partial \boldsymbol{n}} + \sigma u = g(t,x), & (t,x) \in (0, +\infty) \times \partial\Omega, \end{cases}$$

其中 $\Omega \subset \mathbb{R}^n$ 为具有光滑边界的有界区域, $\sigma > 0$ 为给定常数.

2. 利用能量方法证明以下初边值问题解的唯一性.

$$\begin{cases} \partial_t u - \Delta u = f(t,x), & (t,x) \in (0, +\infty) \times (B_2 \setminus B_1), \\ u(0,x) = \varphi(x), & x \in (B_2 \setminus B_1), \\ \dfrac{\partial u}{\partial \boldsymbol{n}} = g_1(t,x), & (t,x) \in (0, +\infty) \times \partial B_1, \\ u = g_2(t,x), & (t,x) \in (0, +\infty) \times \partial B_2. \end{cases}$$

3. 利用能量方法说明以下初边值问题的解在 L^2 范数意义下的稳定性.

$$\begin{cases} \partial_t u - \Delta u = 0, & (t,x) \in (0,+\infty) \times \Omega, \\ u(0,x) = \varphi(x), & x \in \Omega, \\ u(t,x) = 0, & (t,x) \in (0,+\infty) \times \partial\Omega, \end{cases}$$

其中 $\Omega \subset \mathbb{R}^n$ 为具有光滑边界的有界区域. 这里解在 L^2 范数意义下的稳定性是指: 对 $\varphi_1,\ \varphi_2 \in C^2(\Omega) \cap C(\overline{\Omega})$ 满足相容性条件 $\varphi_1|_{\partial\Omega} = 0$, $\varphi_2|_{\partial\Omega} = 0$, 方程分别以 φ_1, φ_2 为初值的解 u_1, u_2 满足

$$\|u_1(t,\cdot) - u_2(t,\cdot)\|_{L^2(\Omega)} \leqslant C\|\varphi_1 - \varphi_2\|_{L^2(\Omega)}, \quad \forall t \geqslant 0.$$

4. 对具有光滑边界的有界区域 Ω, 若在 Ω 上传导热量的介质的传热效果是不均匀的, 且在各方向上效果不同, 我们可以得到变系数的热方程

$$\partial_t u - \operatorname{div}(A(x)\nabla u) = \partial_t u - \sum_{i,j=1}^{n} \partial_{x_i}(a_{ij}(x)\partial_{x_j}u) = 0,$$

其中 $A(x) = (a_{ij}(x))_{i,j=1}^{n}$ 是关于 x 充分光滑的矩阵函数, 满足对任意给定的 x, $A(x)$ 为正定矩阵. 当 $A(x) = I_n$ 时, 即为我们处理过的常系数热方程. 请使用能量方法, 证明其初边值问题解的唯一性.

$$\begin{cases} \partial_t u - \operatorname{div}(A(x)\nabla u) = f(t,x), & (t,x) \in (0,+\infty) \times \Omega, \\ u(0,x) = \varphi(x), & x \in \Omega, \\ u(t,x) = g(t,x), & (t,x) \in (0,+\infty) \times \partial\Omega, \end{cases}$$

其中 φ 与 g 满足一定的相容性条件.

5. 在 (3.55) 中取 $\varphi \equiv 0$, 证明特解 $u \equiv 0$ 在 L^p 空间 $(1 \leqslant p \leqslant +\infty)$ 中关于小扰动是不稳定的.

3.6 一般的抛物型方程

本章详细讨论了标准热方程的性质, 在本节将讨论一般的二阶线性抛物型方程. 设区域 $\Omega \subset \mathbb{R}^n$. 设算子

$$Lu = \sum_{i,j=1}^{n} \partial_{x_i}\left(a_{ij}\partial_{x_j}u\right) + \sum_{i=1}^{n} b_i \partial_{x_i}u + cu,$$

其中 $a_{ij}, b_i, c \in C^\infty(\overline{\Omega})$, $a_{ij} = a_{ji}$ $(i,j = 1,2,\cdots,n)$, 且存在 $\lambda > 0$, 使得

$$\sum_{i,j=1}^{n} a_{ij}(x)\xi_i\xi_j \geqslant \lambda|\xi|^2, \quad \forall \xi \in \mathbb{R}^n, \ x \in \overline{\Omega}.$$

首先讨论有界区域 Ω 上一般抛物型方程的初边值问题

$$\begin{cases} \partial_t u = Lu + f, & x \in \Omega,\ 0 < t \leqslant T, \\ u(0,x) = g(x), & x \in \Omega, \\ u(t,x) = 0, & 0 \leqslant t \leqslant T,\ x \in \partial\Omega. \end{cases} \tag{3.56}$$

记 $H^{-1}(\Omega)$ 为 $H_0^1(\Omega)$ 的对偶空间. 对于 Banach (巴拿赫) 空间 X, 记

$$L^2(0,T;X) = \left\{ \boldsymbol{u}(t): [0,T] \to X,\ \|\boldsymbol{u}(t)\|_X \in L^2(0,T) \right\}.$$

下面我们给出方程 (3.56) 的弱解的定义.

定义 3.6.1 若 $u \in L^2(0,T;H_0^1(\Omega))$, $\partial_t u \in L^2(0,T;H^{-1}(\Omega))$, 且满足

$$\langle \partial_t u, v \rangle_{H^{-1}(\Omega) \times H_0^1(\Omega)} + \int_\Omega \left(\sum_{i,j} a_{ij}\partial_{x_i}u\partial_{x_j}v - \sum_i b_i\partial_{x_i}uv - cuv - fv \right)\mathrm{d}x = 0$$

对于任意的测试函数 $v \in H_0^1(\Omega)$ 以及几乎所有的 $t \in (0,T)$ 都成立, 以及

$$u(0,\cdot) = g \in L^2(\Omega),$$

则称 u 为 (3.56) 的弱解.

利用 Galerkin 方法, 我们可以证明 (3.56) 的弱解的存在唯一性.

定理 3.6.1 若 $g \in L^2(\Omega)$, $f \in L^2(\Omega_T)$, 则 (3.56) 存在唯一的满足定义 3.6.1 的弱解.

对于一般抛物型方程 (3.56) 的经典解, 我们可以证明如下的强极值原理:

定理 3.6.2 设

$$u(t,x) \in C_t^1 C_x^2(\Omega_T) \cap C(\overline{\Omega_T})$$

且 $c(x) \leqslant 0$. 若

$$\partial_t u \leqslant Lu, \quad (t,x) \in \Omega_T,$$

且存在 $(t_0,x_0) \in \Omega_T$, 使得

$$0 \leqslant u(t_0,x_0) = \max_{\overline{\Omega_T}} u,$$

则 u 在 Ω_{t_0} 上为常数.

事实上, 一般的抛物型方程的正解也成立 Harnack 不等式. 而在二阶项系数 (a_{ij}) 满足某些结构性条件时, 一般抛物型方程的精确梯度估计 (3.31) 也是成立的.

此外, 抛物算子 $(\partial_t - L)$ 具有很强的光滑性质. 为方便起见, 我们讨论 $L = \Delta$, 即

$(\partial_t - L)$ 为标准的热算子 $(\partial_t - \Delta)$ 的情形.

定义 3.6.2 设 $U \subset \mathbb{R} \times \mathbb{R}^n$ 是某个时空区域, 若 $u(t,x), f(t,x) \in L^1_{loc}(U)$ 满足

$$\int_U u\partial_t\phi\,\mathrm{d}x\mathrm{d}t + \int_U u\Delta\phi\,\mathrm{d}x\mathrm{d}t + \int_U f\phi\,\mathrm{d}x\mathrm{d}t = 0, \quad \forall \phi \in C_c^\infty(U),$$

则称 u 为方程 $\partial_t u = \Delta u + f$ 在 U 上的分布解 (即在分布意义下满足方程).

定理 3.6.3 对于 $\partial_t u = \Delta u + f$ 在 U 上的分布解 u, 若 $f \in C^\infty(U)$, 则 $u \in C^\infty(U)$. 特别地, 当 $f \equiv 0$ 时, 可知齐次热方程 $\partial_t u = \Delta u$ 的分布解是光滑解.

实际上我们可以进一步证明, $u(t,x)$ 关于 x 是解析函数 (固定 t), 但是关于 t 的解析性往往不成立. 以下是 Kovalevskaya (柯瓦列夫斯卡娅) 给出的反例的变形:

$$\begin{cases} \partial_t u = \partial_x^2 u, & (t,x) \in (0,T) \times \mathbb{R}, \\ u(0,x) = \dfrac{1}{1+x^2}, & x \in \mathbb{R}. \end{cases}$$

对于以上方程的有界解 $u(t,x)$, $u(t,0)$ 在 $t = 0$ 处不解析.

第四章

波　方　程

波方程用于描述包括弦振动、电磁波、弹性波在内的波传播现象, 在弹性力学、地质、通信等领域具有广泛的应用. 本章 4.1 节介绍波方程的物理背景和定解问题的导出. 4.2 节介绍用行波法、球平均法和降维法求解波方程的 Cauchy 问题. 4.3 节介绍波的传播与衰减的性质, 包括依赖区域、影响区域和决定区域的概念, 有限传播速度与 Huygens (惠更斯) 原理, 特征曲面与解的弱间断的传播特点, 解关于时间的衰减性等. 4.4 节介绍用分离变量法求解初边值问题. 4.5 节介绍用能量方法分析初边值问题和 Cauchy 问题解的唯一性与稳定性. 最后在 4.6 节, 简单介绍一般的双曲型方程的定解问题及解的性质.

4.1 方程的物理背景和定解问题

4.1.1 弦振动方程和力的平衡方程

考虑一根绷紧的作微小横振动的均匀柔软的弹性弦. 记其在 t 时刻, x 位置处的位移为 $u(t,x)$, 并假设其为光滑函数. 若忽略重力, 如图 4.1, 在适当的物理假设下, 可认为在弦上任一点处所受弹性张力为一常值 $T > 0$, 并且一段微小的弦 $[x,\ x+\Delta x]$ 仅受其左右两侧的竖直方向的张力

$$T(\partial_x u(t,x+\Delta x) - \partial_x u(t,x))$$

的作用. 其在时段 $[t,\ t+\Delta t]$ 内的冲量为

$$\int_t^{t+\Delta t} T(\partial_x u(s,x+\Delta x) - \partial_x u(s,x))\mathrm{d}s,$$

而此段弦的动量增量为

$$\int_x^{x+\Delta x} \rho(\partial_t u(t+\Delta t,y) - \partial_t u(t,y))\mathrm{d}y.$$

这里 $\rho > 0$ 为此弹性弦的线密度, 即单位长度的质量. 因此, 根据 Newton (牛顿) 第二定律可得

$$\frac{1}{\Delta t \Delta x}\int_t^{t+\Delta t}\int_x^{x+\Delta x} T\partial_x^2 u(s,y)\mathrm{d}y\mathrm{d}s = \frac{1}{\Delta t \Delta x}\int_t^{t+\Delta t}\int_x^{x+\Delta x} \rho\partial_t^2 u(s,y)\mathrm{d}y\mathrm{d}s.$$

令 $\Delta t \to 0, \Delta x \to 0$, 即可得不受外力作用时, 弦振动的位移 $u(t,x)$ 满足

$$\partial_t^2 u - a^2 \partial_x^2 u = 0, \tag{4.1}$$

其中 $a = \sqrt{\dfrac{T}{\rho}}$, 这就是弦振动方程.

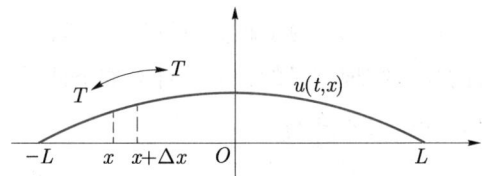

图 4.1　弦振动示意图

当存在外力作用时, 我们可以导出如下的非齐次弦振动方程:

$$\partial_t^2 u - a^2 \partial_x^2 u = f. \tag{4.2}$$

考虑占据 $\mathbb{R}^n$ 中光滑连通区域 Ω 的弹性体的受力平衡. 记 $u(t,x)$ 为位移函数, 则由 Newton 第二定律知, 对 Ω 的任一子区域 V,

$$\int_V \rho \partial_t^2 u \mathrm{d}x = \int_{\partial V} \boldsymbol{F} \cdot \boldsymbol{n} \mathrm{d}S,$$

其中左边表示质量乘加速度, ρ 为质量密度, 右边表示 ∂V 上所受到的弹性张力的合力, $\boldsymbol{n}$ 表示 ∂V 上的单位外法向量. 对弹性介质而言, $\boldsymbol{F} = \boldsymbol{F}(\nabla u)$, 其线性部分通常与 ∇u 成正比. 因此, 若仅考虑 $\boldsymbol{F}$ 为线性的情形, 即 $\boldsymbol{F} = k\nabla u$ ($k > 0$ 为常数) 时, 成立

$$\int_V \rho \partial_t^2 u \mathrm{d}x = k \int_{\partial V} \frac{\partial u}{\partial \boldsymbol{n}} \mathrm{d}S = k \int_V \Delta u \mathrm{d}x.$$

由 V 的任意性, 可得不受外力时, 位移函数 $u(t,x)$ 满足如下波方程

$$\partial_t^2 u - a^2 \Delta u = 0, \tag{4.3}$$

其中 $a = \sqrt{\dfrac{k}{\rho}} > 0$.

而当存在外力作用时, 我们可以导出非齐次波方程

$$\partial_t^2 u - a^2 \Delta u = f. \tag{4.4}$$

注意: 弦振动方程可视为上述弹性运动方程的一维特例, 因此亦可称为一维波方程. 而上述波方程中的系数 $a > 0$ 称为**波的传播速度**, 其含义在后文中会进一步阐述.

4.1.2　定解问题

如同热方程, 为求解波方程, 我们需要初值条件. 根据波方程的物理意义, 要完全确定波的传播, 即位移 $u(t,x)$, 我们需要知道初始的位移和速度, 即需要两个初值条件:

$$u(0,x) = \varphi(x), \quad \partial_t u(0,x) = \psi(x). \tag{4.5}$$

这里我们称 φ 为初始位移, ψ 为初始速度. 将波方程 (4.4) 与初值条件 (4.5) 结合起来, 就得到波方程的初值问题或者 Cauchy 问题.

当我们在有界光滑区域 $\Omega \subset \mathbb{R}^n$ 内求解波方程时, 类似于调和方程与热方程, 也需要一定的边界条件. 典型的具有物理意义的边界条件有如下四类:

第一类边界条件 (Dirichlet 边界条件)

$$u = g(t,x), \quad (t,x) \in (0,+\infty) \times \partial\Omega. \tag{4.6}$$

第二类边界条件 (Neumann 边界条件)

$$\frac{\partial u}{\partial \boldsymbol{n}} = g(t,x), \quad (t,x) \in (0,+\infty) \times \partial\Omega. \tag{4.7}$$

第三类边界条件 (Robin 边界条件)

$$\frac{\partial u}{\partial \boldsymbol{n}} + \alpha u = g(t,x) \quad (t,x) \in (0,+\infty) \times \partial\Omega \quad (\alpha > 0) \tag{4.8}$$

以及第四类边界条件 (耗散边界条件)

$$\frac{\partial u}{\partial \boldsymbol{n}} + \beta \partial_t u = g(t,x) \quad (t,x) \in (0,+\infty) \times \partial\Omega \quad (\beta > 0). \tag{4.9}$$

将波方程 (4.4), 初值条件 (4.5), 以及边界条件 (4.6)—(4.9) 之一结合起来, 就得到波方程的初边值问题.

与 Cauchy 问题不同, 为得到波方程的初边值问题存在光滑的解, 就要求初值与边值必须满足一定的相容性条件. 以如下的齐次波方程 Dirichlet 边值问题为例:

$$\begin{cases} \partial_t^2 u - a^2 \Delta u = 0, & (t,x) \in (0,+\infty) \times \Omega, \\ u(0,x) = \varphi(x), \ \partial_t u(0,x) = \psi(x), & x \in \Omega, \\ u(t,x) = 0, & (t,x) \in (0,+\infty) \times \partial\Omega. \end{cases}$$

在时空的边界点 $(0,x_0)$, $x_0 \in \partial\Omega$, 由于初值与边值均应与解相等, 故需要如下的 C^0 及 C^1 相容性条件:

$$\varphi(x_0) = u(0,x_0) = 0, \quad \psi(x_0) = \partial_t u(0,x_0) = 0, \quad x_0 \in \partial\Omega.$$

此外, 为保证解 $u(t,x)$ 二阶连续可微, 方程在时空的边界处的限制也应有意义, 故此时还需要如下的 C^2 相容性条件:

$$0 = \partial_t^2 u(0,x_0) - a^2 \Delta u(0,x_0) = -a^2 \Delta \varphi(x_0), \quad x_0 \in \partial\Omega.$$

波方程的初边值问题在 $C^2([0,T] \times \overline{\Omega})$ 空间中的解称为经典解. 在本章的后续内容中, 我们将讨论波方程的定解问题的适定性和解的重要性质. 为了让大家对波方程的解有一个直观的认识, 我们举几个特殊的例子.

例 4.1.1 设 F 是 $\mathbb{R}$ 上的 C^2 函数, 则通过直接计算可知 $F(x+at)$ 及 $F(x-at)$ 均为弦振动方程 $\partial_t^2 u - a^2 \partial_x^2 u = 0$ 的解.

例 4.1.2 设函数 $\Phi \in C^2(\mathbb{R})$, 向量 $\boldsymbol{\alpha} \in \mathbb{S}^{n-1}$, 通过直接计算可知 $\Phi(\boldsymbol{\alpha} \cdot x + t)$ 满足波方程 $\partial_t^2 u - \Delta u = 0$. 这种形式的解称为平面波解.

例 4.1.3 考虑下述一维弦振动方程的初边值问题:

$$\begin{cases} \partial_t^2 u - \partial_x^2 u = 0, & (t, x) \in (0, +\infty) \times (0, \pi), \\ u(0, x) = \sin kx, \ \partial_t u(0, x) = 0, & x \in (0, \pi), \\ u(t, 0) = u(t, \pi) = 0, \end{cases}$$

其中 $k \in \mathbb{Z}$. 易见, $u(t, x) = \cos kt \sin kx$ 为该定解问题的解, 而且对

$$E(t) = \frac{1}{2} \int_0^\pi [(\partial_t u)^2 + (\partial_x u)^2] \mathrm{d}x,$$

相应地成立 $E(t) = E(0) = \dfrac{1}{2} \displaystyle\int_0^\pi k^2 \cos^2 kx \mathrm{d}x = \dfrac{k^2 \pi}{4}$, $\forall t \geqslant 0$.

习题 4.1

1. 讨论如下非齐次波方程的 C^2 解所需要的相容性条件:

$$\begin{cases} \partial_t^2 u - \Delta u = f(t, x), & (t, x) \in (0, +\infty) \times \Omega, \\ u(0, x) = \varphi(x), \ \partial_t u(0, x) = \psi(x), & x \in \Omega, \\ u(t, x) = 0, & (t, x) \in (0, +\infty) \times \partial\Omega. \end{cases}$$

2. (1) 假设 $\boldsymbol{E} = (E_1, E_2, E_3)$ 和 $\boldsymbol{B} = (B_1, B_2, B_3)$ 满足 Maxwell 方程组

$$\begin{cases} \partial_t \boldsymbol{E} = \operatorname{curl} \boldsymbol{B}, \\ \partial_t \boldsymbol{B} = -\operatorname{curl} \boldsymbol{E}, \\ \operatorname{div} \boldsymbol{E} = \operatorname{div} \boldsymbol{B} = 0. \end{cases}$$

证明 E_i, B_i $(i = 1, 2, 3)$ 满足波方程

$$\partial_t^2 E_i - \Delta E_i = 0, \quad i = 1, 2, 3,$$
$$\partial_t^2 B_i - \Delta B_i = 0, \quad i = 1, 2, 3.$$

(2) 设 $\boldsymbol{u} = (u_1, u_2, u_3)$ 满足线性弹性力学方程组

$$\partial_t^2 \boldsymbol{u} - \mu \Delta \boldsymbol{u} - (\lambda + \mu) \nabla(\operatorname{div} \boldsymbol{u}) = 0 \quad (\lambda, \mu > 0),$$

证明 $v := \operatorname{div} \boldsymbol{u}$ 和 $w := \operatorname{curl} \boldsymbol{u}$ 满足波方程, 且其波速不同.

3. 试通过合适的自变量变换将方程

$$\partial_t^2 u - 3\partial_{tx}^2 u - 4\partial_x^2 u = 0$$

化为标准的波方程形式.

*4. 考虑如下形式的三维非线性波方程:

$$\partial_t^2 u - \Delta u = F(u, \nabla u, \partial_t u, \Delta u, \partial_t \nabla u),$$

其中 F 是所含变量的二次型, 且关于 Δu 和 $\partial_t \nabla u$ 是不超过线性的.

若例 4.1.2 中的平面波解 $\Phi(\boldsymbol{\alpha} \cdot x + t)$ 满足该方程, 则称该方程的非线性项满足零条件 (null condition). 证明

$$\partial_t^2 u - \Delta u = (\partial_t u)^2 - |\nabla u|^2$$

满足零条件, 而

$$\partial_t^2 u - \Delta u = u \Delta u$$

不满足零条件.

*5. 考虑 KdV 方程

$$\partial_t u + 6u\partial_x u + \partial_x^3 u = 0, \quad (t, x) \in (0, +\infty) \times \mathbb{R},$$

试求得该方程具有行波形式 $u(t, x) = \Phi(x - ct)$ 的解, 其中 $c > 0$, 函数 Φ 满足 $\lim\limits_{x \to +\infty} \Phi(x) = 0$, $\lim\limits_{x \to +\infty} \Phi'(x) = 0$, $\lim\limits_{x \to +\infty} \Phi''(x) = 0$. 这种形式的解称为孤立子或孤立波.

4.2 波方程的 Cauchy 问题

本节介绍 $a = 1$ 时波方程的 Cauchy 问题

$$\begin{cases} \partial_t^2 u - \Delta u = f(t, x), & (t, x) \in (0, +\infty) \times \mathbb{R}^n, \\ u(0, x) = \varphi(x), \ \partial_t u(0, x) = \psi(x), & x \in \mathbb{R}^n \end{cases} \tag{4.10}$$

的求解. 对 $a \neq 1$ 的一般波方程 $\partial_t^2 u - a^2 \Delta u = 0$, 可以通过自变量变换 $\tilde{t} = at$, 把方程化为 $\partial_{\tilde{t}}^2 u - \Delta u = 0$, 即 $a = 1$ 的情形.

首先, 我们形式地定义如下的**波算子** $S(t) : \psi \to u(t, x) = [S(t)\psi](x)$, 其中 $u(t, x)$ 是如下波方程的 Cauchy 问题的解:

$$\begin{cases} \partial_t^2 u - \Delta u = 0, & (t, x) \in (0, +\infty) \times \mathbb{R}^n, \\ u(0, x) = 0, \ \partial_t u(0, x) = \psi(x), & x \in \mathbb{R}^n. \end{cases} \tag{4.11}$$

我们将在后面说明波算子 $S(t)$ 定义的合理性.

令 $v(t, x) = [S(t)\varphi](x)$, 则形式验证可知 $u = \partial_t v(t, x)$ 是如下波方程的解:

$$\begin{cases} \partial_t^2 u - \Delta u = 0, & (t,x) \in (0, +\infty) \times \mathbb{R}^n, \\ u(0,x) = \varphi, \ \partial_t u(0,x) = 0, & x \in \mathbb{R}^n. \end{cases} \tag{4.12}$$

另外, 受热方程章节中介绍的齐次化原理的启发, 可进一步形式地验证

$$u(t,x) = \int_0^t S(t-\tau) f(\tau, x) \mathrm{d}\tau, \quad (t,x) \in (0, +\infty) \times \mathbb{R}^n \tag{4.13}$$

是如下非齐次波方程的解:

$$\begin{cases} \partial_t^2 u - \Delta u = f, & (t,x) \in (0, +\infty) \times \mathbb{R}^n, \\ u(0,x) = 0, \ \partial_t u(0,x) = 0, & x \in \mathbb{R}^n. \end{cases} \tag{4.14}$$

实际上, 我们可以给出上述齐次化原理的物理解释: 任意给定 $t > 0$, 我们将时间区间 $[0,t]$ 作如下划分:

$$0 = \tau_0 < \tau_1 < \tau_2 < \cdots < \tau_N = t,$$

当 $\max\limits_{k=0,1,\cdots,N-1} \Delta \tau_k = \max\limits_{k=0,1,\cdots,N-1} (\tau_{k+1} - \tau_k)$ 充分小时, 在 x 位置处, 我们可以将时间区间 $[\tau_k, \tau_{k+1}]$ 上外力 $f(s,x)$ 的持续作用近似地看作在 τ_k 时刻给予系统一个瞬时冲量 $f(\tau_k, x)\Delta \tau_k$. 因此外力 $f|_{[\tau_k, \tau_{k+1}]}$ 所产生的受迫振动可近似地由

$$\begin{cases} \partial_t^2 w - \Delta w = 0, & (t,x) \in (\tau_k, +\infty) \times \mathbb{R}^n, \\ w(\tau_k, x) = 0, \ \partial_t w(\tau_k, x) = f(\tau_k, x)\Delta \tau_k, & x \in \mathbb{R}^n \end{cases} \tag{4.15}$$

描述. 利用方程的线性性质, 将各时间段上由 f 的作用所产生的振动相叠加, 可得

$$\sum_{k=0}^{N-1} w(t,x;\tau_k) = \sum_{k=0}^{N-1} S(t-\tau_k) f(\tau_k, x)\Delta \tau_k$$

是 (4.14) 的近似解, 令 $\max\limits_{k=0,1,\cdots,N-1} \Delta \tau_k \to 0$, 即得 $\int_0^t S(t-\tau) f(\tau, x)\mathrm{d}\tau$.

综上所述, 为得到波方程的 Cauchy 问题的解, 下面我们将主要求解波算子 $S(t)$. 为方便起见, 本节仅讨论空间维数 $n = 1, 2$ 及 3 的物理情形, 一般的高维情形将留作习题进行讨论.

4.2.1 一维波方程的 d'Alembert 公式

考虑一维波方程的 Cauchy 问题

$$\begin{cases} \partial_t^2 u - \partial_x^2 u = 0, & (t,x) \in (0, +\infty) \times \mathbb{R}, \\ u(0,x) = 0, \ \partial_t u(0,x) = \psi(x), & x \in \mathbb{R}, \end{cases}$$

其中初值 $\psi \in C^1(\mathbb{R})$. 由于

$$\partial_t^2 u - \partial_x^2 u = (\partial_t + \partial_x)(\partial_t - \partial_x)u,$$

我们引入新的自变量

$$\xi = x + t, \ \eta = x - t,$$

则有

$$\partial_t + \partial_x = 2\partial_\xi, \quad \partial_t - \partial_x = -2\partial_\eta,$$

从而在 (ξ, η) 坐标下, u 满足

$$-4\partial_{\xi\eta} u = 0.$$

故

$$u(t,x) = F(\xi) + G(\eta) = F(x+t) + G(x-t). \tag{4.16}$$

由初值条件 $u(0,x) = 0$, 可知

$$u(t,x) = F(x+t) - F(x-t) = \int_{x-t}^{x+t} F'(y)\mathrm{d}y,$$

再由 $\partial_t u(0,x) = \psi(x)$, 可得 $F'(x) = \dfrac{1}{2}\psi(x)$, 故

$$u(t,x) = \frac{1}{2}\int_{x-t}^{x+t} \psi(y)\mathrm{d}y, \quad (t,x) \in (0,+\infty) \times \mathbb{R}. \tag{4.17}$$

另一方面, 对任意的初值 $\varphi \in C^2(\mathbb{R})$, 利用 (4.17), 容易验证

$$\partial_t \left(\frac{1}{2}\int_{x-t}^{x+t} \varphi(y)\mathrm{d}y \right) = \frac{1}{2}[\varphi(x+t) + \varphi(x-t)], \quad (t,x) \in (0,+\infty) \times \mathbb{R}$$

是 Cauchy 问题

$$\begin{cases} \partial_t^2 u - \partial_x^2 u = 0, & (t,x) \in (0,+\infty) \times \mathbb{R}, \\ u(0,x) = \varphi(x), \ \partial_t u(0,x) = 0, & x \in \mathbb{R} \end{cases}$$

的解. 因此我们得到弦振动方程带有一般初值的 Cauchy 问题的 d'Alembert (达朗贝尔) 公式

$$u(t,x) = \frac{1}{2}[\varphi(x+t) + \varphi(x-t)] + \frac{1}{2}\int_{x-t}^{x+t} \psi(y)\mathrm{d}y, \quad (t,x) \in (0,+\infty) \times \mathbb{R}. \tag{4.18}$$

从表达式 (4.18) 可以看出弦振动方程的解 u 在 (t,x) 的取值仅依赖于初值 (φ, ψ) 在区间 $[x-t, x+t]$ 上的取值.

在上述求解过程中, 形如 $F(x+t), G(x-t)$ 的函数在每个时刻 t 具有相同的波形,

随时间按某一速度传播, 被称为 "行波". 上述将解写为两个行波之和从而求解初值问题的方法, 称为**行波法**.

定理 4.2.1   设 $\varphi \in C^2(\mathbb{R}), \psi \in C^1(\mathbb{R})$, 则弦振动方程的 Cauchy 问题

$$\begin{cases} \partial_t^2 u - \partial_x^2 u = 0, & (t,x) \in (0,+\infty) \times \mathbb{R}, \\ u(0,x) = \varphi(x), \ \partial_t u(0,x) = \psi(x), & x \in \mathbb{R} \end{cases}$$

存在唯一的经典解, 且它由 d'Alembert 公式 (4.18) 给出.

此外, 利用齐次化原理, 我们可以得到

$$u(t,x) = \frac{1}{2}[\varphi(x+t) + \varphi(x-t)] + \frac{1}{2}\int_{x-t}^{x+t} \psi(y)\mathrm{d}y +$$

$$\frac{1}{2}\int_0^t \int_{x-(t-\tau)}^{x+(t-\tau)} f(\tau,y)\mathrm{d}y\mathrm{d}\tau, \quad (t,x) \in (0,+\infty) \times \mathbb{R}$$

为非齐次方程 Cauchy 问题

$$\begin{cases} \partial_t^2 u - \partial_x^2 u = f, & (t,x) \in (0,+\infty) \times \mathbb{R}, \\ u(0,x) = \varphi(x), \ \partial_t u(0,x) = \psi(x), & x \in \mathbb{R} \end{cases}$$

的解.

例 4.2.1   求解描述一端固定的半无界弦自由振动的初边值问题

$$\begin{cases} \partial_t^2 u - \partial_x^2 u = 0, & (t,x) \in (0,+\infty) \times (0,+\infty), \\ u(0,x) = \varphi(x), \ \partial_t u(0,x) = \psi(x), & x \in (0,+\infty), \\ u(t,0) = 0, & t \in (0,+\infty), \end{cases} \tag{4.19}$$

其中 φ 及 ψ 满足如下相容性条件:

$$\varphi(0) = \varphi''(0) = 0, \ \psi(0) = 0.$$

解   我们尝试将初值 (φ, ψ) 在 $\mathbb{R}$ 上作适当的延拓成为 (Φ, Ψ), 并要求以 (Φ, Ψ) 作为初值的 Cauchy 问题在 $(0,+\infty) \times \mathbb{R}$ 上的解满足 $x = 0$ 处的边界条件. 这样就得到了原混合问题在第一象限中的解. 由 d'Alembert 公式, 以 (Φ, Ψ) 作为初值的 Cauchy 问题的解为

$$U(t,x) = \frac{1}{2}[\Phi(x+t) + \Phi(x-t)] + \frac{1}{2}\int_{x-t}^{x+t} \Psi(y)\mathrm{d}y. \tag{4.20}$$

因此, 要使 $U(t,0) \equiv 0$, 只要

$$\frac{1}{2}[\Phi(t) + \Phi(-t)] + \frac{1}{2}\int_{-t}^{t} \Psi(y)\mathrm{d}y = 0.$$

为此, 只要将 φ 及 ψ 分别作奇延拓得到 Φ 及 Ψ, 即

$$
\Phi(x) = \begin{cases} \varphi(x), & x \geqslant 0, \\ -\varphi(-x), & x < 0, \end{cases} \qquad \Psi(x) = \begin{cases} \psi(x), & x \geqslant 0, \\ -\psi(-x), & x < 0. \end{cases}
$$

于是, 将上述 Φ, Ψ 代入 (4.20), 我们就得到原混合初边值问题 (4.19) 的解

$$
u(t,x) = \begin{cases} \dfrac{1}{2}[\varphi(x+t) + \varphi(x-t)] + \dfrac{1}{2}\displaystyle\int_{x-t}^{x+t} \psi(y)\mathrm{d}y, & 0 \leqslant t \leqslant x, \\[2mm] \dfrac{1}{2}[\varphi(x+t) - \varphi(t-x)] + \dfrac{1}{2}\displaystyle\int_{t-x}^{t+x} \psi(y)\mathrm{d}y, & 0 \leqslant x < t. \end{cases} \tag{4.21}
$$

我们也可以利用行波法求解该问题:

由 $u(t,x)$ 满足一维波方程 $\partial_t^2 u - \partial_x^2 u = 0$, 知

$$
u(t,x) = F(x+t) + G(x-t), \quad \forall x, t \in \mathbb{R}_+.
$$

将此式代入初值与边界条件得

$$
\begin{cases} F(x) + G(x) = \varphi(x), & \forall x \geqslant 0, \\ F'(x) - G'(x) = \psi(x), & \forall x \geqslant 0, \\ F(t) + G(-t) = 0, & \forall t > 0. \end{cases}
$$

故有

$$
F'(x) = \frac{1}{2}\varphi'(x) + \frac{1}{2}\psi(x), \quad \forall x \geqslant 0,
$$

即

$$
F(x) = \frac{1}{2}\varphi(x) + \frac{1}{2}\int_0^x \psi(s)\mathrm{d}s + F(0), \quad \forall x \geqslant 0.
$$

则当 $x \geqslant 0$ 时,

$$
G(x) = \varphi(x) - F(x) = \frac{1}{2}\varphi(x) - \frac{1}{2}\int_0^x \psi(s)\mathrm{d}s - F(0),
$$

当 $x < 0$ 时,

$$
G(x) = -F(-x) = -\frac{1}{2}\varphi(-x) - \frac{1}{2}\int_0^{-x} \psi(s)\mathrm{d}s - F(0).
$$

故在 $x \geqslant t \geqslant 0$ 时, 由于 $x + t \geqslant 0, x - t \geqslant 0$, 从而有

$$
\begin{aligned}
u(t,x) &= F(x+t) + G(x-t) \\
&= \frac{1}{2}[\varphi(x+t) + \varphi(x-t)] + \frac{1}{2}\int_{x-t}^{x+t} \psi(s)\mathrm{d}s.
\end{aligned}
$$

而在 $t > x \geqslant 0$ 时, 由于 $x + t > 0, x - t < 0$, 从而有

$$u(t, x) = F(x + t) + G(x - t)$$
$$= \frac{1}{2}[\varphi(x + t) - \varphi(t - x)] + \frac{1}{2}\int_{t-x}^{t+x}\psi(s)\mathrm{d}s. \qquad \square$$

4.2.2　三维波方程的球平均法

考虑三维波方程的如下 Cauchy 问题:

$$\begin{cases} \partial_t^2 u - \Delta u = 0, & (t, x) \in (0, +\infty) \times \mathbb{R}^3, \\ u(0, x) = 0, \ \partial_t u(0, x) = \psi(x), & x \in \mathbb{R}^3. \end{cases} \tag{4.22}$$

我们希望将求解上述问题转化为求解一个一维波方程的定解问题. 为此, 引入 u 及 ψ 的球平均函数

$$\begin{cases} M_u(t, \rho; x) = \dfrac{1}{|\partial B_\rho(x)|}\displaystyle\int_{\partial B_\rho(x)} u(t, y)\mathrm{d}S_y, \\ M_\psi(\rho; x) = \dfrac{1}{|\partial B_\rho(x)|}\displaystyle\int_{\partial B_\rho(x)} \psi(y)\mathrm{d}S_y, \end{cases}$$

这里参数 $\rho > 0$, $\partial B_\rho(x)$ 是 $\mathbb{R}^3$ 中以 x 为心, ρ 为半径的球面. 相应地,

$$M_u(0, \rho; x) = 0, \ \partial_t M_u(0, \rho; x) = M_\psi(\rho; x),$$

且

$$\lim_{\rho \to 0} M_u(t, \rho; x) = u(t, x), \ \lim_{\rho \to 0} M_\psi(\rho; x) = \psi(x).$$

因此, 为求解 $u(t, x)$, 仅需先求解 $M_u(t, \rho; x)$. 下面我们将 $M_u(t, \rho; x)$ 视为以 x 为参数, 以 (t, ρ) 为自变量的函数并推导其满足的方程.

直接计算可得

$$\partial_t^2 M_u(t, \rho; x) = \frac{1}{|\partial B_\rho(x)|}\int_{\partial B_\rho(x)} \partial_t^2 u(t, y)\mathrm{d}S_y,$$

$$\partial_\rho M_u(t, \rho; x) = \frac{1}{|\partial B_1|}\int_{\partial B_1} (z \cdot \nabla_y)u(t, x + \rho z)\mathrm{d}S_z$$

$$= \frac{1}{|\partial B_1|}\int_{\partial B_1} \frac{\partial u}{\partial \boldsymbol{n}}(t, x + \rho z)\mathrm{d}S_z$$

$$= \frac{1}{|\partial B_\rho|}\int_{\partial B_\rho(x)} \frac{\partial u}{\partial \boldsymbol{n}}(t, y)\mathrm{d}S_y$$

$$= \frac{1}{|\partial B_\rho|}\int_{B_\rho(x)} \Delta_y u(t, y)\mathrm{d}y,$$

注意到当 $n = 3$ 时, $|\partial B_\rho| = 4\pi\rho^2$, $|\partial B_1| = 4\pi$, 以及

$$\int_{B_\rho(x)} \Delta_y u(t, y)\mathrm{d}y = \int_0^\rho \int_{\partial B_r(x)} \Delta_y u(t, y)\mathrm{d}S_y\mathrm{d}r.$$

进一步地,

$$\partial_\rho^2 M_u(t,\rho;x) = \frac{-2}{|\partial B_1|\rho^3} \int_{B_\rho(x)} \Delta_y u(t,y) \mathrm{d}y + \frac{1}{|\partial B_\rho(x)|} \int_{\partial B_\rho(x)} \Delta_y u(t,y) \mathrm{d}S_y$$

$$= -\frac{2}{\rho}\partial_\rho M_u(t,\rho;x) + \partial_t^2 M_u(t,\rho;x). \tag{4.23}$$

令

$$V(t,\rho;x) := \rho M_u(t,\rho;x), \quad (t,\rho;x) \in (0,+\infty) \times (0,+\infty) \times \mathbb{R}^3,$$

则对任意给定的 $x \in \mathbb{R}^3$, V 关于 (t,ρ) 在第一象限满足如下混合初边值问题:

$$\begin{cases} \partial_t^2 V - \partial_\rho^2 V = 0, & (t,\rho) \in (0,+\infty) \times (0,+\infty), \\ V(0,\rho;x) = 0, \ \partial_t V(0,\rho;x) = \rho M_\psi(\rho;x), & \rho \in (0,+\infty), \\ V(t,0;x) = 0, & t \in (0,+\infty), \end{cases} \tag{4.24}$$

由 4.2.1 小节例 4.2.1 可得, 对 $t > 0$,

$$V(t,\rho;x) = \frac{1}{2}\int_{t-\rho}^{t+\rho} r M_\psi(r;x) \mathrm{d}r, \quad (t,\rho;x) \in (0,+\infty) \times (0,t] \times \mathbb{R}^3. \tag{4.25}$$

故

$$u(t,x) = \lim_{\rho \to 0^+} M_u(t,\rho;x) = \lim_{\rho \to 0^+} \frac{V(t,\rho;x)}{\rho}$$

$$= t M_\psi(t;x) = \frac{1}{|\partial B_t(x)|} \int_{\partial B_t(x)} t\psi(y) \mathrm{d}S_y, \quad (t,x) \in (0,+\infty) \times \mathbb{R}^3. \tag{4.26}$$

接下来, 我们验证当 $\psi \in C^2(\mathbb{R}^3)$ 时, (4.26) 所得出的解的确满足 Cauchy 问题 (4.22).

事实上,

$$\partial_t^2 u(t,x) = \partial_t^2 (t M_\psi(t;x))$$

$$= \partial_\rho^2 (\rho M_\psi(\rho;x))|_{\rho=t}$$

$$= \rho \left(\partial_\rho^2 + \frac{2}{\rho}\partial_\rho \right) M_\psi(\rho;x)|_{\rho=t},$$

类似 (4.23), 我们有

$$\rho \left(\partial_\rho^2 + \frac{2}{\rho}\partial_\rho \right) M_\psi(\rho;x) = \frac{\rho}{|\partial B_\rho(x)|} \int_{\partial B_\rho(x)} \Delta_y \psi(y) \mathrm{d}S_y$$

$$= \frac{\rho}{|\partial B_1|} \int_{\partial B_1} \Delta_x \psi(x + \rho z) \mathrm{d}S_z$$

$$= \rho \Delta_x M_\psi(\rho;x),$$

于是

$$\partial_t^2 u(t,x) = t\Delta_x M_\psi(t;x) = \Delta_x u(t,x), \quad (t,x) \in (0,+\infty) \times \mathbb{R}^3.$$

此外, 显然对任意的 $x \in \mathbb{R}^3$,

$$\lim_{t \to 0^+} u(t, x) = \lim_{t \to 0^+} t M_\psi(t; x) = 0,$$

$$\lim_{t \to 0^+} \partial_t u(t, x) = \lim_{t \to 0^+} [M_\psi(t; x) + t \partial_t M_\psi(t; x)] = \psi(x).$$

这样我们就得到了 Cauchy 问题 (4.22) 的解的存在性.

更一般地, 我们有如下定理 (唯一性见 4.5 节):

定理 4.2.2 设 $\varphi \in C^3(\mathbb{R}^3), \psi \in C^2(\mathbb{R}^3)$, 则三维波方程的 Cauchy 问题

$$\begin{cases} \partial_t^2 u - \Delta u = 0, & (t, x) \in (0, +\infty) \times \mathbb{R}^3, \\ u(0, x) = \varphi(x), \ \partial_t u(0, x) = \psi(x), & x \in \mathbb{R}^3 \end{cases} \tag{4.27}$$

存在唯一的解

$$u(t, x) = \partial_t \left(\frac{1}{|\partial B_t(x)|} \int_{\partial B_t(x)} t\varphi(y) \mathrm{d}S_y \right) + \frac{1}{|\partial B_t(x)|} \int_{\partial B_t(x)} t\psi(y) \mathrm{d}S_y,$$

$$(t, x) \in (0, +\infty) \times \mathbb{R}^3. \tag{4.28}$$

从解的表达式 (4.28) 可以看出, 三维波方程的解 u 在 (t, x) 的取值只依赖于初值 (φ, ψ) 以及 $\nabla\varphi$ 在 $\partial B_t(x)$ 上的取值.

对于非齐次方程 Cauchy 问题, 我们可以利用定理 4.2.2 及齐次化原理给出解的显式表示.

4.2.3 二维波方程的降维法

考虑

$$\begin{cases} \partial_t^2 u - \Delta u = 0, & (t, x) \in (0, +\infty) \times \mathbb{R}^2, \\ u(0, x) = 0, \ \partial_t u(0, x) = \psi(x), & x \in \mathbb{R}^2. \end{cases} \tag{4.29}$$

记 $\tilde{\psi}(z) = \psi(y), z = (y, y_3) \in \mathbb{R}^2 \times \mathbb{R}$, 我们以之为初值解三维的波方程, 可得

$$\tilde{u}(t, x, 0) = \frac{1}{|\partial B_t(x, 0)|} \int_{\partial B_t(x, 0)} t\tilde{\psi}(z) \mathrm{d}S_z, \quad t > 0, \ x \in \mathbb{R}^2,$$

其中

$$\partial B_t(x, 0) = \{z = (y, y_3) : |y - x|^2 + |y_3|^2 = t^2\}.$$

如图 4.2, 记 $\mathrm{d}y_1 \mathrm{d}y_2$ 为 $\mathrm{d}S_z$ 在二维圆盘 $D_t(x) = \{y \in \mathbb{R}^2 : |y - x| < t\}$ 内的投影, 则

$$\frac{\mathrm{d}y_1 \mathrm{d}y_2}{\mathrm{d}S_z} = \left| e_3 \cdot \begin{pmatrix} y - x \\ y_3 - 0 \end{pmatrix} \frac{1}{t} \right| = \frac{|y_3|}{t} = \frac{\sqrt{t^2 - |y - x|^2}}{t}.$$

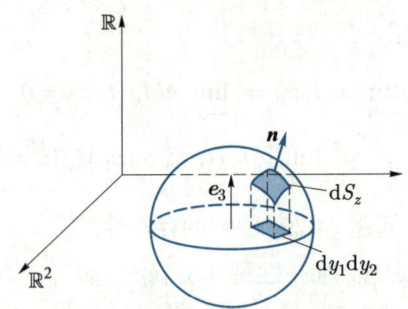

图 4.2 积分区域的投影

再注意到 $n = 2$ 时, $|\partial B_t(x,0)| = 4\pi t^2$, $|D_t(x)| = \pi t^2$, 则

$$\tilde{u}(t,x,0) = \frac{1}{|\partial B_t(x,0)|} \cdot 2 \int_{D_t(x)} t\psi(y) \frac{t}{\sqrt{t^2 - |y-x|^2}} \mathrm{d}y$$

$$= \frac{1}{|D_t(x)|} \int_{D_t(x)} t\psi(y) \frac{t}{2\sqrt{t^2 - |y-x|^2}} \mathrm{d}y. \tag{4.30}$$

因 $\tilde{u}(t,x,0)$ 满足 (4.29), 故 $u(t,x) = \tilde{u}(t,x,0)$ 是 Cauchy 问题 (4.29) 的解. 这样, 我们就得到了 (4.29) 的解的存在性. 一般地, 我们有如下定理 (唯一性见 4.5 节):

定理 4.2.3 设 $\varphi \in C^3(\mathbb{R}^2)$, $\psi \in C^2(\mathbb{R}^2)$, 则二维波方程的 Cauchy 问题

$$\begin{cases} \partial_t^2 u - \Delta u = 0, & (t,x) \in (0,+\infty) \times \mathbb{R}^2, \\ u(0,x) = \varphi(x), \ \partial_t u(0,x) = \psi(x), & x \in \mathbb{R}^2 \end{cases} \tag{4.31}$$

存在唯一的解

$$u(t,x) = \partial_t \left(\frac{1}{|D_t(x)|} \int_{D_t(x)} t\varphi(y) \frac{t}{2\sqrt{t^2 - |y-x|^2}} \mathrm{d}y \right) +$$

$$\frac{1}{|D_t(x)|} \int_{D_t(x)} t\psi(y) \frac{t}{2\sqrt{t^2 - |y-x|^2}} \mathrm{d}y, \quad (t,x) \in (0,+\infty) \times \mathbb{R}^2. \tag{4.32}$$

由表达式 (4.32) 可见, 二维波方程的解 u 在 (t,x) 处的取值只依赖于初值 (φ,ψ) 在圆盘 $D_t(x)$ 上的取值.

对于一般高维波方程 Cauchy 问题的求解, 我们采用球平均法求得奇数维问题的解, 再用降维法求得偶数维问题的解 (见本节习题).

对于非齐次方程的 Cauchy 问题, 我们可以利用定理 4.2.3 及齐次化原理给出解的显式表示 (见本节习题).

习题 4.2

1. 试证当 $f \in C^2((0,+\infty) \times \mathbb{R}^n)$ 时, (4.13) 给出的函数 u 为非齐次方程 Cauchy 问题 (4.14) 的解.

2. 利用 d'Alembert 公式说明弦振动方程的解连续依赖于初值 (φ, ψ).

3. 试用降维法导出弦振动方程解的 d'Alembert 公式.

4. 请导出二维及三维波方程 $\partial_t^2 u - a^2 \Delta u = 0$ 的 Cauchy 问题解的表达式.

5. 请用齐次化原理导出二维非齐次波方程 $\partial_t^2 u - a^2 \Delta u = f$ 的 Cauchy 问题解的表达式.

6. 请用齐次化原理导出三维非齐次波方程 $\partial_t^2 u - a^2 \Delta u = f$ 的 Cauchy 问题解的表达式.

7. 求解 Cauchy 问题

$$\begin{cases} \partial_t^2 u - \partial_x^2 u + 2k\partial_t u + k^2 u = 0, & (t, x) \in (0, +\infty) \times \mathbb{R}, \\ u(0, x) = \varphi(x),\ \partial_t u(0, x) = 0, & x \in \mathbb{R}, \end{cases}$$

其中 $k \in \mathbb{R}$ 为常数.

8. 设 $u \in C^2((0, +\infty) \times \mathbb{R})$ 为弦振动方程 Cauchy 问题

$$\begin{cases} \partial_t^2 u - \partial_x^2 u = 0, & (t, x) \in (0, +\infty) \times \mathbb{R}, \\ u(0, x) = \varphi(x),\ \partial_t u(0, x) = \psi(x), & x \in \mathbb{R} \end{cases}$$

的解, 其中 $\varphi, \psi \in C_0^\infty(\mathbb{R})$. 记动能

$$k(t) := \frac{1}{2} \int_{-\infty}^{+\infty} |\partial_t u|^2 \mathrm{d}x,$$

势能

$$p(t) := \frac{1}{2} \int_{-\infty}^{+\infty} |\partial_x u|^2 \mathrm{d}x,$$

总能量 $e(t) = k(t) + p(t)$, 证明

(1) 总能量守恒, 即 $e(t)$ 为常数.

(2) 当 t 充分大时, $k(t) = p(t) = \frac{1}{2}e(t)$.

*9. 求解半无界问题

$$\begin{cases} \partial_t^2 u - \partial_x^2 u + \partial_x u - \partial_t u = 0, & (t, x) \in (0, +\infty) \times (0, +\infty), \\ u(0, x) = \varphi(x),\ \partial_t u(0, x) = \psi(x), & x \in (0, +\infty), \\ u(t, 0) = 0, & t \in (0, +\infty), \end{cases}$$

并思考该问题是否能用奇延拓法求解.

*10. 求解半无界弦振动方程的初边值问题

$$\begin{cases} \partial_t^2 u - a^2 \partial_x^2 u = 0, & (t, x) \in (0, +\infty) \times (0, +\infty), \\ u(0, x) = \varphi(x),\ \partial_t u(0, x) = \psi(x), & x \in (0, +\infty), \\ u(t, 0) = c\partial_x u(t, 0), & t \in (0, +\infty), \end{cases}$$

其中 a, c 为常数, $a \neq c$, 初值 $\varphi, \psi \in C^2(0, +\infty)$ 分别在 $x = 0$ 的某个邻域内恒为零.

*11. 考察带有耗散边界条件的弦振动方程

$$\begin{cases} \partial_t^2 u - \partial_x^2 u = 0, & (t, x) \in (0, +\infty) \times (0, 1), \\ u(0, x) = \varphi(x), \ \partial_t u(0, x) = \psi(x), & x \in (0, 1), \\ u(t, 0) = 0, & t \in (0, +\infty), \\ \partial_x u(t, 1) + \partial_t u(t, 1) = 0, & t \in (0, +\infty), \end{cases}$$

证明: 存在 $T > 0$, 上述问题的解满足

$$u(t, x) = 0, \quad \forall t \geqslant T, \ x \in [0, 1].$$

**12. (1) 设 $n \geqslant 3$, 对函数 $\psi \in C^2(\mathbb{R}^n)$, 定义其球平均函数

$$h(x, r) = \frac{1}{\omega_{n-1} r^{n-1}} \int_{\partial B_r(x)} \psi(y) \mathrm{d}S_y = \frac{1}{\omega_{n-1}} \int_{S^{n-1}} \psi(x + r\xi) \mathrm{d}S_\xi,$$

并对 r 作偶延拓, 证明 h 满足定解问题

$$\begin{cases} \partial_r^2 h + \dfrac{n-1}{r} \partial_r h = \Delta h, & (x, r) \in \mathbb{R}^n \times \mathbb{R}, \\ h(x, 0) = \psi(x), \ \partial_r h(x, 0) = 0, & x \in \mathbb{R}^n. \end{cases}$$

(2) 若 $\psi(x) = \varphi(x_1)$ 仅依赖 x_1, 证明

$$h(x, r) = \frac{\omega_{n-2}}{\omega_{n-1}} \int_{-1}^{1} \varphi(x_1 + r\mu)(1 - \mu^2)^{\frac{n-3}{2}} \mathrm{d}\mu,$$

以及

$$\partial_r^2 h(0, r) + \frac{n-1}{r} \partial_r h(0, r) = \frac{\omega_{n-2}}{\omega_{n-1}} \int_{-1}^{1} \varphi''(r\mu)(1 - \mu^2)^{\frac{n-3}{2}} \mathrm{d}\mu.$$

(3) 令 v 是 Cauchy 问题

$$\begin{cases} \partial_t^2 v - \Delta v = 0, & (t, x) \in \mathbb{R} \times \mathbb{R}^n, \\ v(0, x) = g(x), \ \partial_t v(0, x) = 0, & x \in \mathbb{R}^n \end{cases}$$

的解, 定义

$$w(x, r) = \frac{\omega_{n-2}}{\omega_{n-1}} \int_{-1}^{1} v(r\mu, x)(1 - \mu^2)^{\frac{n-3}{2}} \mathrm{d}\mu,$$

证明 w 满足定解问题

$$\begin{cases} \partial_r^2 w + \dfrac{n-1}{r} \partial_r w = \Delta w, & (x, r) \in \mathbb{R}^n \times \mathbb{R}, \\ w(x, 0) = g(x), \ \partial_r w(x, 0) = 0, & x \in \mathbb{R}^n. \end{cases}$$

(4) 假设上述 Cauchy 问题的解是唯一的, 可得

$$2\omega_{n-2}\int_0^1 v(r\mu,x)(1-\mu^2)^{\frac{n-3}{2}}\mathrm{d}\mu = \int_{S^{n-1}} g(x+r\xi)\mathrm{d}S_\xi,$$

试由此导出 n 为奇数时该 Cauchy 问题的解的表达式

$$v(t,x)=\frac{\sqrt{\pi}t}{\Gamma\left(\dfrac{n}{2}\right)}\left(\frac{1}{2t}\partial_t\right)^{\frac{n-1}{2}}\left[t^{n-2}\frac{1}{\omega_{n-1}}\int_{S^{n-1}} g(x+t\xi)\mathrm{d}S_\xi\right].$$

(提示: 作变量代换 $r=\sqrt{s}$, $r\mu=\sqrt{\sigma}$.)

(5) 用降维法导出 n 为偶数时该 Cauchy 问题的解的表达式.

4.3　波的传播和解关于时间的衰减性

在本节中, 我们将利用三维及二维波方程 Cauchy 问题的解的表达式, 揭示波的传播及其随时间趋于 $+\infty$ 时的衰减性质.

4.3.1　依赖区域、影响区域和决定区域

从 d'Alembert 公式 (4.18) 立即可以看出, Cauchy 问题

$$\begin{cases}\partial_t^2 u-\partial_x^2 u=0, & (t,x)\in(0,+\infty)\times\mathbb{R},\\ u(0,x)=\varphi(x),\ \partial_t u(0,x)=\psi(x), & x\in\mathbb{R}\end{cases}$$

的解在上半平面 $\mathbb{R}_+\times\mathbb{R}$ 中的点 (t_0,x_0) 处的值 $u(t_0,x_0)$ 由 φ,ψ 在区间 $[x_0-t_0,x_0+t_0]$ 上的值所唯一确定, 而与 φ,ψ 在该区间外的取值无关. 如图 4.3, 这个区间 $\{x:|x-x_0|\leqslant t_0\}$ 称为点 (t_0,x_0) 的**依赖区间**, 它是过点 (t_0,x_0) 的斜率为 ±1 的直线在 x 轴上所截得的闭区间.

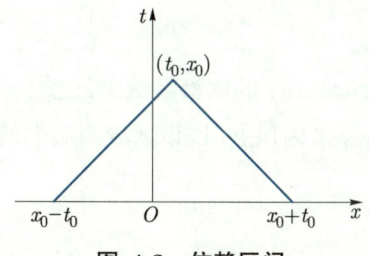

图 4.3　依赖区间

如图 4.4, 对 x 轴上的区间 $[x_1,x_2]$, 它和直线 $x=x_1+t$ 和 $x=x_2-t$ 共同围成一个

三角形区域 $\{(t,x): x_1 + t \leqslant x \leqslant x_2 - t,\ t \geqslant 0\}$, 此区域内任何一点 (t,x) 的依赖区间都落在 $[x_1, x_2]$ 内, 因此 Cauchy 问题在此区域内的取值就完全由 $[x_1, x_2]$ 上的初值决定, 而与此区间外的初值无关. 该区域称为 $[x_1, x_2]$ 的**决定区域**. 若记此区域的顶点为 (t_0, x_0), 则此区域为 $\{(t,x): |x - x_0| \leqslant t_0 - t,\ 0 \leqslant t \leqslant t_0\}$.

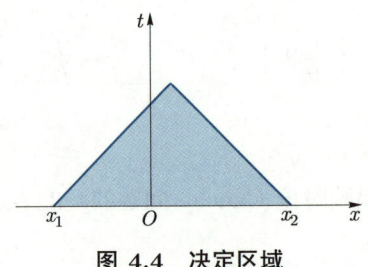

图 4.4　决定区域

另一方面, 如果初值 (φ, ψ) 在区间 $[x_1, x_2]$ 上有扰动, 那么经过时间 t 后该扰动所影响的范围不超过

$$x_1 - t \leqslant x \leqslant x_2 + t,$$

在此范围外则不受影响. 如图 4.5, 在上半平面 $(0, +\infty) \times \mathbb{R}$ 中, 该区域 $\{(t,x): x_1 - t \leqslant x \leqslant x_2 + t,\ t \geqslant 0\}$ 称为 $[x_1, x_2]$ 的**影响区域**.

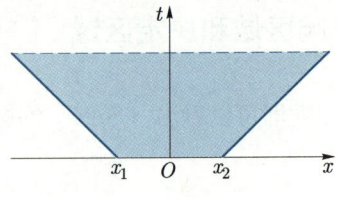

图 4.5　影响区域

在上面的讨论中, 我们看到直线 $x = x_0 \pm t$ 对波方程的研究起到了重要的作用, 它们称为一维波方程的**特征线**, 扰动实际上沿特征线传播.

再考察二维情形, 如图 4.6, 任取 $(t_0, x_0) \in (0, +\infty) \times \mathbb{R}^2$, 由 4.2 节得到的解的表达式 (4.32), 解在该点的值仅依赖 (φ, ψ) 在初始平面上的圆盘

$$\{x: |x - x_0| \leqslant t_0\} \tag{4.33}$$

内的取值. 因此该区域就称为 (t_0, x_0) 的**依赖区域**. 反之, (φ, ψ) 在圆盘 (4.33) 中的值也唯一决定了上半空间中以 (t_0, x_0) 为顶点, 以该区域为底面的圆锥体区域

$$\{(t,x): |x - x_0| \leqslant t_0 - t,\quad 0 \leqslant t \leqslant t_0\} \tag{4.34}$$

上的解. (4.34) 就称为 (4.33) 的**决定区域** (图 4.6).

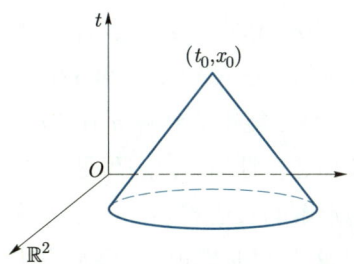

图 4.6 决定区域

而对于初始平面上的点 $(0, x_0)$, 如图 4.7, 其影响区域为

$$\{(t, x) : |x - x_0| \leqslant t, \ t \geqslant 0\}.$$

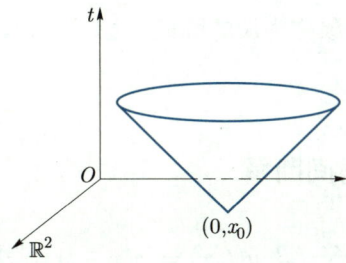

图 4.7 影响区域

在三维情形, 任取 $(t_0, x_0) \in (0, +\infty) \times \mathbb{R}^3$. 由解的表达式 (4.28), 解在点 (t_0, x_0) 的取值由初始平面上以 $(0, x_0)$ 为球心, t_0 为半径的球面上 φ, ψ 的值所决定. 因此超平面 $t = 0$ 上的球面 $\{x \in \mathbb{R}^3 : |x - x_0| = t_0\}$ 就是点 (t_0, x_0) 的**依赖区域**. 球面的内部区域 $\{x \in \mathbb{R}^3 : |x - x_0| \leqslant t_0\}$ 的**决定区域**为以该区域为底, 以 (t_0, x_0) 为顶点的圆锥体区域 $\{(t, x) \in (0, +\infty) \times \mathbb{R}^3 : |x - x_0| \leqslant t_0 - t, \ 0 \leqslant t \leqslant t_0\}$. 相应地, 初始平面上一点 $(0, x_0)$ 的**影响区域**为锥面 $\{(t, x) \in (0, +\infty) \times \mathbb{R}^3 : |x - x_0| = t, t \geqslant 0\}$. 初始平面上任一给定区域的**影响区域**就是过其上每一点所作锥面的全体所形成的区域.

由以上过程可以看到, 锥面 $\{(t, x) \in (0, +\infty) \times \mathbb{R}^3 : |x - x_0| = |t - t_0|\}$ 在波方程的研究中起重要作用, 它称为波方程的**特征锥**.

4.3.2 有限传播速度和 Huygens 原理

对波方程的 Cauchy 问题

$$\begin{cases} \partial_t^2 u - \Delta u = 0, & (t, x) \in (0, +\infty) \times \mathbb{R}^n, \\ u(0, x) = 0, \ \partial_t u(0, x) = \psi(x), & x \in \mathbb{R}^n. \end{cases} \quad (4.35)$$

若 $\psi(x)$ 具有紧支集: supp $\psi \subset B_R$, 则对任意满足 $|x| > R+t$ 的 x, 均有 $B_t(x) \cap B_R = \varnothing$, 利用 4.2 节得到的 $n = 1, 2, 3$ 时的表达式 (4.18), (4.32), (4.28), 此时均有 $u(t, x) = 0$. 即 B_R 中的初值至少要经过时间 t 后才能影响到解 u 在 ∂B_{R+t} 上各点的值, 这表明此时波的传播速度为 1,[①] 这一有限传播速度性质与热方程是完全不同的.

若我们进一步观察三维情形解的表达式 (4.28), 会发现 x_0 处初值 $\psi(x_0)$ 在 t 时刻仅会在计算 $\partial B_t(x_0)$ 这一球面上解的值时出现, 不会影响球面内和球面外其他点的值. 这样, 当初始扰动发生在三维空间中某一局部范围内时, 波的传播会形成清晰的前阵面和后阵面. 这个现象在物理学中被称为 **Huygens 原理**.

而二维情形 (4.32) 则完全不同, x_0 处初值 $\psi(x_0)$ 在 t 时刻会影响到解在圆盘 $D_t(x_0)$ 上所有点的值, 且随着时间 t 的增加, 扰动的影响会越来越弱, 但永远不会消失. 这样, 在二维情形, 局部范围中的初始扰动导致波的传播形成清晰的前阵面, 但没有后阵面, Huygens 原理不成立. 这个现象称为**波的弥散**, 这是二维波方程与三维波方程的一个本质区别.

4.3.3　特征曲面与弱间断解

先看一个弦振动方程的例子: 设 $u(t, x) = \varphi(x - t)$, 其中

$$\varphi(x) = \begin{cases} (x^2 - 1)^2, & |x| \leqslant 1, \\ 0, & |x| > 1. \end{cases}$$

注意, 函数 $\varphi \in C^1(\mathbb{R})$ 但其二阶导数在 $x = \pm 1$ 处有间断. 显然

$$u(t, x) = \begin{cases} [(x - t)^2 - 1]^2, & |x - t| \leqslant 1, \\ 0, & |x - t| > 1. \end{cases}$$

它的二阶导数在特征线 $x - t = \pm 1$ 处有间断, 因此不是一维波方程的经典解. 但从弦振动方程的导出过程可以看出, 这种解也是有物理意义的. 这启发我们引入下面的概念:

定义 4.3.1　对于 n 维连通区域 Ω 中的二阶线性方程

$$\sum_{i,j=1}^{n} a_{ij} \partial_{x_i x_j} u + \sum_{k=1}^{n} b_k \partial_{x_k} u + cu = f, \tag{4.36}$$

其中 a_{ij}, b_k, c, f 是 Ω 中充分光滑的函数. 设 S 为由 $\varphi \in C^1(\Omega)$ 所决定的 $n - 1$ 维曲面 $S = \{x \in \Omega : \varphi(x) = 0, \nabla \varphi \neq 0\}$. 如果 $u \in C^1(\overline{\Omega})$ 在 Ω 中除了 $n - 1$ 维曲面 S 之外都有二阶连续偏导数, 且处处满足方程, 并且 u 的二阶偏导数在 S 上有第一类间断, 则称 u 为方程 (4.36) 的弱间断解, S 为 u 的弱间断面 (一维时称为弱间断线).

在上面的例子中, 弱间断线恰好是特征线, 即弱间断沿特征线发生, 这反映了一个很

---

① 对一般的波方程 $\partial_t^2 u - a^2 \Delta u = f$, 其波的传播速度为 a.

重要的事实. 一般地, 我们有

定义 4.3.2 对于区域 Ω 中的方程 (4.36) 和超曲面 $S = \{x \in \Omega : \varphi(x) = 0, \nabla\varphi \neq 0\}$, 其中 $\varphi \in C^1(\Omega)$, 如果在 S 上处处成立

$$\sum_{i,j=1}^n a_{ij}\partial_{x_i}\varphi\partial_{x_j}\varphi = 0, \tag{4.37}$$

则称 S 为方程 (4.36) 的特征曲面.

对于一个固定的点 x, 如果过该点的非零向量 $\boldsymbol{\alpha} = (\alpha_1, \alpha_2, \cdots, \alpha_n)$ 满足特征方程

$$\sum_{i,j=1}^n a_{ij}\alpha_i\alpha_j = 0,$$

则称 $\boldsymbol{\alpha}$ 为该点的特征方向. 特征曲面就是每点的法向都是该点的特征方向的曲面.

定理 4.3.1 方程 (4.36) 的弱间断解的弱间断面 $S = \{\varphi = 0 : \varphi \in C^1(\Omega), \nabla\varphi \neq 0\}$ 必为其特征曲面.

证明 任取 $x^0 = (x_1^0, x_2^0, \cdots, x_n^0) \in S$, 由于在 S 上 $\nabla\varphi \neq 0$, 不妨设 $\partial_{x_n}\varphi \neq 0$. 作自变量的可逆变换

$$\begin{cases} \xi_i = x_i - x_i^0, & i = 1, 2, \cdots, n-1, \\ \xi_n = \varphi(x_1, x_2, \cdots, x_n), \end{cases}$$

将 x^0 变为 ξ 空间中的坐标原点, 且将超曲面 S 上 x^0 的一个邻域变换为超平面 $\{\xi_n = 0\}$ 上原点的一个邻域. 在此变换下, 我们有

$$\begin{cases} \partial_{x_i}u = \displaystyle\sum_{k=1}^n \partial_{\xi_k}u\partial_{x_i}\xi_k, \\ \partial_{x_ix_j}u = \displaystyle\sum_{k,l=1}^n \partial_{\xi_k\xi_l}u\partial_{x_i}\xi_k\partial_{x_j}\xi_l + u \text{ 的一阶导数项,} \end{cases}$$

从而方程 (4.36) 化为

$$\sum_{k,l=1}^n \tilde{a}_{kl}\partial_{\xi_k\xi_l}u + \cdots = f, \tag{4.38}$$

其中

$$\tilde{a}_{kl} = \sum_{i,j=1}^n a_{ij}\,\partial_{x_i}\xi_k\,\partial_{x_j}\xi_l,$$

而省略的部分仅包含 u 及其一阶导数项.

接下来, 由于 u, φ 及其一阶导数都是连续的, 对于不同时为 n 的 k, l, $\partial_{\xi_k\xi_l}u$ 也可以通过求导而确定. 因此只要 $\tilde{a}_{nn}(0) \neq 0$, 总存在一个更小的邻域使得在此邻域内 $\tilde{a}_{nn}$ 恒不为 0, 从而可以由 (4.38) 解得 $\partial_{\xi_n}^2 u$ 也连续, u 是经典解, 这与已知条件矛盾. 反之, 若

要 u 是弱间断解, 则必须有 $\tilde{a}_{nn}(0) = 0$, 也就是

$$\sum_{i,j=1}^{n} a_{ij}\partial_{x_i}\xi_n\partial_{x_j}\xi_n = \sum_{i,j=1}^{n} a_{ij}\partial_{x_i}\varphi\partial_{x_j}\varphi = 0$$

对 $x = x^0$ 成立. 由 x^0 的任意性可知上式在曲面上任意一点成立. □

注 4.3.1 定理 4.3.1 仅表明弱间断解的弱间断面是特征曲面, 对于其他形式的间断解, 其间断未必沿特征曲面发生.

4.3.4 解关于时间的衰减性

现在我们研究当时间 $t \to +\infty$ 时, 波方程 Cauchy 问题的解的渐近性态. 对于三维波方程的 Cauchy 问题, 我们可以建立如下的解的时间衰减估计.

定理 4.3.2 设 $\varphi \in C^3(\mathbb{R}^3), \psi \in C^2(\mathbb{R}^3)$ 具有紧支集, 即存在 $\rho > 0$, 使得 supp φ, supp $\psi \subset B_\rho$, 则三维波方程的 Cauchy 问题 (4.27) 的解满足如下衰减估计:

$$\sup_{x\in\mathbb{R}^3} |u(t,x)| \leqslant \frac{C}{t}\big[\|\varphi\|_{L^\infty(\mathbb{R}^3)} + \|\nabla\varphi\|_{L^\infty(\mathbb{R}^3)} + \|\psi\|_{L^\infty(\mathbb{R}^3)}\big], \quad \forall t \geqslant 1,$$

其中常数 $C = C(\rho) > 0$.

证明 三维波方程的 Cauchy 问题的解为

$$u(t,x) = \partial_t\left(\frac{1}{4\pi t^2}\int_{\partial B_t(x)} t\varphi(y)\mathrm{d}S_y\right) + \frac{1}{4\pi t^2}\int_{\partial B_t(x)} t\psi(y)\mathrm{d}S_y, \quad (t,x) \in (0,+\infty) \times \mathbb{R}^3.$$

直接计算可得

$$\partial_t\left(\frac{1}{4\pi t^2}\int_{\partial B_t(x)} t\varphi(y)\mathrm{d}S_y\right) = \partial_t\left(\frac{t}{4\pi}\int_{\partial B_1} \varphi(x+tz)\mathrm{d}S_z\right)$$

$$= \frac{1}{4\pi}\int_{\partial B_1}\varphi(x+tz)\mathrm{d}S_z + \frac{t}{4\pi t^2}\int_{\partial B_t(x)}\nabla_y\varphi(y)\cdot\frac{y-x}{t}\mathrm{d}S_y$$

$$= \frac{1}{4\pi t^2}\int_{\partial B_t(x)}[\varphi(y) + \nabla_y\varphi(y)\cdot(y-x)]\mathrm{d}S_y.$$

因此, 由 supp φ, supp $\psi \subset B_\rho$, $\forall t \geqslant 1, x \in \mathbb{R}^3$,

$$|u(t,x)| = \left|\frac{1}{4\pi t^2}\int_{\partial B_t(x)\cap B_\rho}[\varphi(y) + \nabla_y\varphi(y)\cdot(y-x) + t\psi(y)]\mathrm{d}S_y\right|$$

$$\leqslant \frac{1}{4\pi t^2}[\|\varphi\|_{L^\infty(\mathbb{R}^3)} + t\|\nabla\varphi\|_{L^\infty(\mathbb{R}^3)} + t\|\psi\|_{L^\infty(\mathbb{R}^3)}] \cdot |\partial B_\rho|$$

$$\leqslant \frac{\rho^2}{t}[\|\varphi\|_{L^\infty(\mathbb{R}^3)} + \|\nabla\varphi\|_{L^\infty(\mathbb{R}^3)} + \|\psi\|_{L^\infty(\mathbb{R}^3)}]. \qquad □$$

定理 4.3.2 表明, 当 $t \to +\infty$ 时, 三维波方程具有光滑紧支集初值 Cauchy 问题的解将以 t^{-1} 的速度一致趋于 0.

对于二维波方程, 若初值具有紧支集, 则其 Cauchy 问题的解在 $t \to +\infty$ 时, 将以 $t^{-\frac{1}{2}}$ 的速度一致趋于 0. 而对于一维波方程, 即弦振动方程, 由 d'Alembert 公式可知其 Cauchy 问题的解不会在 $t \to +\infty$ 时衰减为 0. 我们将证明留作习题.

习题 4.3

1. 求下列方程的特征方程和特征方向:

(1) $\partial_{x_1}^2 u + \partial_{x_2}^2 u = \partial_{x_3}^2 u + \partial_{x_4}^2 u$;

(2) $\partial_t u = \partial_{x_1}^2 u - \partial_{x_2}^2 u$;

(3) $\partial_t u = \Delta u$.

2. 证明椭圆型方程没有实的特征方向.

3. 试定义 m 阶线性偏微分方程

$$\sum_{|\alpha| \leqslant m} c_\alpha(x) \partial^\alpha u = f(x)$$

的特征方向和特征曲面.

4. 试说明: 一维波方程的 Cauchy 问题的解当 $t \to +\infty$ 时, 不具有衰减性.

*5. 证明: 对二维波方程, 若其初值 (φ, ψ) 光滑且具有紧支集, 则其 Cauchy 问题的解在 $t \to +\infty$ 时, 以 $t^{-\frac{1}{2}}$ 的速度一致趋于 0.

*6. 考虑三维 Cauchy 问题 (4.27), 假定 $\varphi \equiv 0$, $\psi \in C^\infty(\mathbb{R}^3)$ 且 $(1+|x|^4)\psi(x)$ 在全空间有界. 证明: 存在不依赖于 ψ 的常数 $C > 0$, 使得

$$|u(t,x)| \leqslant \frac{C\|(1+|x|^4)\psi(x)\|_{C^0}}{1+t^{\frac{1}{3}}}, \quad \forall t \geqslant 1, \ |x| = t.$$

并思考, 当 $1+|x|^4$ 换成 $1+|x|^k$, 其中 $k > 2$ 是常数时, 能得到关于时间怎样的衰减. (提示: 根据解的表达式, 将积分区域作分解

$$\partial B_t(x) = (\partial B_t(x) \cap \{|y| \leqslant t^m\}) \cup (\partial B_t(x) \cap \{|y| \geqslant t^m\}),$$

再求出待定的 m.)

4.4 分离变量法和初边值问题解的存在性

本节考察波方程的初边值问题, 为叙述简便起见, 仍不妨假设 $a = 1$. 类似于热方程, 我们采用分离变量法来进行求解. 记 $I = (0, L)$, 先考虑如下带有齐次 Dirichlet 边界条件的一维波方程的初边值问题:

$$\begin{cases} \partial_t^2 u - \partial_x^2 u = 0, & (t,x) \in (0,+\infty) \times I, \\ u(0,x) = \varphi(x),\ \partial_t u(0,x) = \psi(x), & x \in I, \\ u(t,0) = u(t,L) = 0, & t \in (0,+\infty), \end{cases} \tag{4.39}$$

它可以描述两端固定的弦的自由振动.

仿照热方程情形, 我们先求可以分离变量的非零特解

$$u(t,x) = T(t)X(x).$$

将其代入方程, 可得

$$T''(t)X(x) - T(t)X''(x) = 0,$$

从而

$$\frac{T''(t)}{T(t)} = \frac{X''(x)}{X(x)} = -\lambda, \tag{4.40}$$

其中 λ 为一常数. 另外, u 满足齐次 Dirichlet 边界条件, 则

$$X(0) = X(L) = 0. \tag{4.41}$$

结合 (4.40), (4.41), 可得: 当 $\lambda < 0$ 或 $\lambda = 0$ 时, $X(x) \equiv 0$; 而当 $\lambda > 0$ 时, $-X''(x) = \lambda X(x)$ 的通解为 $X(x) = C_1 \cos\sqrt{\lambda}x + C_2 \sin\sqrt{\lambda}x$, 只有当 $\lambda = \dfrac{k^2\pi^2}{L^2}$, $k \in \mathbb{N}_+$ 时, 特征值问题 (4.40), (4.41) 存在非平凡解

$$X_k(x) = C_k \sin\frac{k\pi x}{L},$$

将特征值 $\lambda = \dfrac{k^2\pi^2}{L^2}$ 代入 $-T''(t) = \lambda T(t)$, 就相应地得到

$$T_k(t) = A_k \cos\frac{k\pi t}{L} + B_k \sin\frac{k\pi t}{L}.$$

这样我们得到了弦振动方程满足齐次 Dirichlet 边界条件的一列特解

$$u_k(t,x) = \left(A_k \cos\frac{k\pi t}{L} + B_k \sin\frac{k\pi t}{L} \right) \sin\frac{k\pi x}{L}, \quad k \in \mathbb{N}_+.$$

我们希望这些特解的线性组合能给出初边值问题 (4.39) 的解, 即要给定两列常数 A_k, B_k, 使

$$u(t,x) = \sum_{k=1}^{\infty} \left(A_k \cos\frac{k\pi t}{L} + B_k \sin\frac{k\pi t}{L} \right) \sin\frac{k\pi x}{L} \tag{4.42}$$

满足初值条件.

作形式计算,

$$\partial_t u(t,x) = \sum_{k=1}^{\infty} \frac{k\pi}{L} \left(-A_k \sin\frac{k\pi t}{L} + B_k \cos\frac{k\pi t}{L} \right) \sin\frac{k\pi x}{L}, \tag{4.43}$$

从而,

$$u(0, x) = \sum_{k=1}^{\infty} A_k \sin \frac{k\pi x}{L} = \varphi(x),$$

$$\partial_t u(0, x) = \sum_{k=1}^{\infty} B_k \frac{k\pi}{L} \sin \frac{k\pi x}{L} = \psi(x).$$

注意到 $\left\{ \sin \dfrac{k\pi x}{L} \right\}_{k=1}^{\infty}$ 为 $L^2(I)$ 上的一组正交基, 因此

$$A_k = \frac{2}{L} \int_0^L \varphi(y) \sin \frac{k\pi y}{L} \mathrm{d}y, \quad B_k = \frac{2}{k\pi} \int_0^L \psi(y) \sin \frac{k\pi y}{L} \mathrm{d}y, \quad k \in \mathbb{N}_+, \qquad (4.44)$$

将其代入 (4.42), 就得到级数形式的初边值问题 (4.39) 的解. 为了说明此级数解确实是原问题的解, 我们需要假设初值 φ 及 ψ 满足一定的条件.

定理 4.4.1 若初值 $\varphi \in C^3(I), \psi \in C^2(I)$, 并且满足 C^2 相容性条件,

$$\varphi(0) = \varphi(L) = 0, \ \psi(0) = \psi(L) = 0, \ \varphi''(0) = \varphi''(L) = 0,$$

则弦振动方程的初边值问题 (4.39) 的解是存在的, 并且它可以由 (4.42) 给出, 其中 A_k, B_k 由 (4.44) 给出.

证明 利用 Fourier 级数的性质, 由 $\varphi \in C^3(I), \psi \in C^2(I)$, 我们可以得到

$$\sum_{k=1}^{\infty} |k^3 A_k|^2 = \sum_{k=1}^{\infty} k^6 A_k^2 < \infty,$$

$$\sum_{k=1}^{\infty} \left| k^2 \cdot B_k \cdot \frac{k\pi}{L} \right|^2 = \sum_{k=1}^{\infty} \frac{\pi^2}{L^2} k^6 B_k^2 < \infty.$$

由于

$$\sum_{k=1}^{\infty} |k^2 A_k| \leqslant \sum_{k=1}^{\infty} \frac{1}{2} \left(k^6 A_k^2 + \frac{1}{k^2} \right) = \frac{1}{2} \sum_{k=1}^{\infty} k^6 A_k^2 + \frac{1}{2} \sum_{k=1}^{\infty} \frac{1}{k^2} < \infty,$$

$$\sum_{k=1}^{\infty} |k^2 B_k| \leqslant \frac{1}{2} \sum_{k=1}^{\infty} k^6 B_k^2 + \frac{1}{2} \sum_{k=1}^{\infty} \frac{1}{k^2} < \infty,$$

因此级数

$$\sum_{k=1}^{\infty} u_k(t, x), \ \sum_{k=1}^{\infty} \partial_t u_k(t, x), \ \sum_{k=1}^{\infty} \partial_x u_k(t, x), \ \sum_{k=1}^{\infty} \partial_t^2 u_k(t, x), \ \sum_{k=1}^{\infty} \partial_x^2 u_k(t, x)$$

均在 $(t, x) \in (0, +\infty) \times I$ 上一致收敛. 再由 $u_k(t, x)$ 是弦振动方程满足齐次 Dirichlet 边界条件的特解, 我们就证明了该级数解满足方程及边界条件, 而其满足初值条件是显然的. $\square$

注 4.4.1   为了得到初边值问题 (4.39) 的 C^2 解, 我们需要对初值 φ, ψ 提出一定的正则性要求以及恰当的相容性条件. 当初值不满足这样的正则性以及相容性条件时, 例如仅仅要求 $\varphi \in L^2(I), \varphi' \in L^2(I), \psi \in L^2(I)$ 及 $\varphi(0) = \varphi(L) = 0$, 级数解 (4.42) 显然不是初边值问题 (4.39) 的经典解, 但仍是适当意义下的合理的解.

注 4.4.2   利用分离变量法, 我们将弦振动方程的解表示为一系列特解之和. 这与物理学上将一个复杂的振动视为若干简单振动的叠加是吻合的.

例 4.4.1   用分离变量法求解如下弦振动方程的初边值问题:

$$\begin{cases} \partial_t^2 u - \partial_x^2 u = 0, & (t,x) \in (0, +\infty) \times (0,1), \\ u(0,x) = \varphi(x), \ \partial_t u(0,x) = 0, & x \in (0,1), \\ u(t,0) = u(t,1) = 0, & t \in (0, +\infty), \end{cases}$$

其中

$$\varphi(x) = \begin{cases} 2\varepsilon x, & x \in \left(0, \dfrac{1}{2}\right], \\ 2\varepsilon(1-x), & x \in \left(\dfrac{1}{2}, 1\right), \end{cases}$$

其图像如图 4.8 所示.

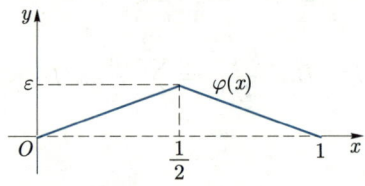

图 4.8   初值

解   利用分离变量法, 该初边值问题的解 $u(t,x)$ 可由级数解 (4.42) 来表示. 由于初值 $\psi(x) = 0$, $x \in (0,1)$, 则 $B_k = 0$, $k \in \mathbb{N}_+$. 又由 (4.44) 知,

$$\begin{aligned} A_k &= 2 \int_0^1 \varphi(y) \sin k\pi y \, dy \\ &= 2 \int_0^{\frac{1}{2}} 2\varepsilon y \sin k\pi y \, dy + 2 \int_{\frac{1}{2}}^1 2\varepsilon(1-y) \sin k\pi y \, dy \\ &= -\frac{2\varepsilon}{k\pi} \cos \frac{k\pi}{2} + \frac{4\varepsilon}{k^2\pi^2} \sin \frac{k\pi}{2} + \frac{2\varepsilon}{k\pi} \cos \frac{k\pi}{2} + \frac{4\varepsilon}{k^2\pi^2} \sin \frac{k\pi}{2} \\ &= \frac{8\varepsilon}{k^2\pi^2} \sin \frac{k\pi}{2}, \end{aligned}$$

于是

$$u(t,x) = \frac{8\varepsilon}{\pi^2} \sum_{k=1}^{\infty} \frac{1}{k^2} \sin \frac{k\pi}{2} \sin k\pi x \cos k\pi t, \quad (t,x) \in [0,+\infty) \times (0,1). \qquad \square$$

接下来, 我们讨论非齐次弦振动方程的初边值问题

$$\begin{cases} \partial_t^2 u - \partial_x^2 u = f(t,x), & (t,x) \in (0,+\infty) \times I, \\ u(0,x) = 0, \ \partial_t u(0,x) = 0, & x \in I, \\ u(t,0) = u(t,L) = 0, & t \in (0,+\infty), \end{cases} \tag{4.45}$$

类似于非齐次方程的 Cauchy 问题, 此时齐次化原理也适用. 即

$$u(t,x) = \int_0^t w(t,x;\tau) \mathrm{d}\tau$$

为 (4.45) 的解, 其中 $w(t,x;\tau)$ 为齐次方程的初边值问题

$$\begin{cases} \partial_t^2 w - \partial_x^2 w = 0, & (t,x) \in (\tau,+\infty) \times I, \\ w(\tau,x;\tau) = 0, \ \partial_t w(\tau,x;\tau) = f(\tau,x), & x \in I, \\ w(t,0;\tau) = w(t,L;\tau) = 0, & t \in (\tau,+\infty) \end{cases}$$

的解. 利用 (4.42), 我们得到

$$w(t,x;\tau) = \sum_{k=1}^{\infty} B_k(\tau) \sin \frac{k\pi(t-\tau)}{L} \sin \frac{k\pi x}{L}, \tag{4.46}$$

其中

$$B_k(\tau) = \frac{2}{k\pi} \int_0^L f(\tau,y) \sin \frac{k\pi y}{L} \mathrm{d}y, \quad k \in \mathbb{N}_+.$$

这样, 我们就得到了非齐次方程初边值问题的解.

类似于定理 4.4.1, 我们可以证明当 $f \in C^2([0,+\infty) \times I)$, 且满足

$$f(t,0) = f(t,L) = 0, \quad t \in [0,+\infty)$$

时, 级数

$$u(t,x) = \sum_{k=1}^{\infty} \int_0^t B_k(\tau) \sin \frac{k\pi(t-\tau)}{L} \mathrm{d}\tau \sin \frac{k\pi x}{L}$$

确实是初边值问题 (4.45) 的解.

最后, 我们再讨论带有非齐次边值条件的弦振动方程的初边值问题

$$\begin{cases} \partial_t^2 u - \partial_x^2 u = f(t,x), & (t,x) \in (0,+\infty) \times I, \\ u(0,x) = \varphi(x), \ \partial_t u(0,x) = \psi(x), & x \in I, \\ u(t,0) = g_0(t), \ u(t,L) = g_1(t), & t \in (0,+\infty). \end{cases} \tag{4.47}$$

首先我们可以通过未知函数变换, 将 (4.47) 转化为齐次边值问题. 令

$$u^*(t,x) = g_0(t) + \frac{x}{L}[g_1(t) - g_0(t)], \quad (t,x) \in [0, +\infty) \times I,$$

及 $\tilde{u}(t,x) = u(t,x) - u^*(t,x)$, 则函数 $\tilde{u}$ 满足齐次边值问题

$$\begin{cases} \partial_t^2 \tilde{u} - \partial_x^2 \tilde{u} = \tilde{f}(t,x), & (t,x) \in (0, +\infty) \times I, \\ \tilde{u}(0,x) = \tilde{\varphi}(x), \ \partial_t \tilde{u}(0,x) = \tilde{\psi}(x), & x \in I, \\ \tilde{u}(t,0) = \tilde{u}(t,L) = 0, & t \in (0, +\infty), \end{cases}$$

其中

$$\tilde{f}(t,x) = f(t,x) - g_0''(t) + \frac{x}{L}[g_0''(t) - g_1''(t)],$$

$$\tilde{\varphi}(x) = \varphi(x) - g_0(0) - \frac{x}{L}[g_1(0) - g_0(0)],$$

$$\tilde{\psi}(x) = \psi(x) - g_0'(0) - \frac{x}{L}[g_1'(0) - g_0'(0)].$$

进一步地, 由叠加原理我们可以分别求解带非齐次初值的齐次方程的初边值问题

$$\begin{cases} \partial_t^2 v - \partial_x^2 v = 0, & (t,x) \in (0, +\infty) \times I, \\ v(0,x) = \tilde{\varphi}(x), \ \partial_t v(0,x) = \tilde{\psi}(x), & x \in I, \\ v(t,0) = v(t,L) = 0, & t \in (0, +\infty), \end{cases}$$

及带齐次初值的非齐次方程的初边值问题

$$\begin{cases} \partial_t^2 w - \partial_x^2 w = \tilde{f}(t,x), & (t,x) \in (0, +\infty) \times I, \\ w(0,x) = 0, \ \partial_t w(0,x) = 0, & x \in I, \\ w(t,0) = w(t,L) = 0, & t \in (0, +\infty), \end{cases}$$

最终, 我们得到初边值问题 (4.47) 的解为

$$u(t,x) = u^*(t,x) + v(t,x) + w(t,x), \quad (t,x) \in [0, \infty) \times \bar{I}.$$

对于高维情形, 我们可以利用 2.5 节调和方程的特征值理论, 类似于热方程的讨论, 得到高维波方程初边值问题解的表示, 这里不再赘述.

习题 4.4

1. 用分离变量法求解如下弦振动方程的初边值问题:

$$\begin{cases} \partial_t^2 u - a^2 \partial_x^2 u = 0, & (t,x) \in (0, +\infty) \times (0, L), \\ u(0,x) = \varphi(x), \ \partial_t u(0,x) = \psi(x), & x \in (0, L), \\ u(t,0) = 0, \ \partial_x u(t,L) = 0, & t \in (0, +\infty). \end{cases}$$

2. 用分离变量法求解如下受外部阻尼力的弦振动方程的初边值问题:

$$\begin{cases} \partial_t^2 u - \partial_x^2 u + \partial_t u = 0, & (t,x) \in (0,+\infty) \times (0,L), \\ u(0,x) = \varphi(x), \ \partial_t u(0,x) = \psi(x), & x \in (0,L), \\ u(t,0) = u(t,L) = 0, & t \in (0,+\infty), \end{cases}$$

并说明当 $t \to +\infty$ 时, 该级数解关于 $x \in [0,L]$ 一致指数衰减到 0.

3. 考虑初边值问题

$$\begin{cases} \partial_t^2 u - \partial_x^2 u = 0, & (t,x) \in (0,+\infty) \times (0,\pi), \\ u(0,x) = \alpha x^4 + \beta x^3 + \sin x, \ \partial_t u(0,x) = \gamma \cos x, & x \in (0,\pi), \\ u(t,0) = u(t,\pi) = 0, & t \in (0,+\infty). \end{cases}$$

求可能的 α, β, γ 使上述方程存在经典解, 并求出它的解.

4. 考虑初边值问题

$$\begin{cases} \partial_t^2 u - 4\partial_x^2 u = 0, & (t,x) \in (0,+\infty) \times (0,1), \\ u(0,x) = 4\sin^3 \pi x, \ \partial_t u(0,x) = 30x(1-x), & x \in (0,1), \\ u(t,0) = u(t,1) = 0, & t \in (0,+\infty). \end{cases}$$

(1) 求 $h\left(\dfrac{1}{3}\right)$, 其中 $h(t) := \displaystyle\int_0^1 [(\partial_t u)^2 + 4(\partial_x u)^2]\mathrm{d}x$;

(2) 求 $u(2,x)$.

5. 设 $u(t,x)$ 满足初边值问题

$$\begin{cases} \partial_t^2 u - \partial_x^2 u = 0, & (t,x) \in (0,+\infty) \times (0,L), \\ u(0,x) = \varphi(x), \ \partial_t u(0,x) = \psi(x), & x \in (0,L), \\ -\partial_x u(t,0) + \alpha u(t,0) = g_1(t), & t \in (0,+\infty), \\ \partial_x u(t,L) + \beta u(t,L) = g_2(t), & t \in (0,+\infty). \end{cases}$$

在以下各情况中引进辅助函数, 将边值条件齐次化:

(1) $\alpha > 0, \beta > 0$;

(2) $\alpha = \beta = 0$;

(3) $\alpha > 0, \beta = 0$.

4.5　能量方法和解的唯一性与稳定性

在本节中, 我们将采用能量方法得到波方程的解的能量估计, 从而得到波方程定解问题 (包括初边值问题和 Cauchy 问题) 解的唯一性和稳定性.

4.5.1 初边值问题解的唯一性和稳定性

结合波方程的物理背景, 弹性体在光滑有界区域 $\Omega \subset \mathbb{R}^n$ 上的能量 $E(t)$ 由动能 $\frac{1}{2}\int_\Omega (\partial_t u)^2 \mathrm{d}x$ 及弹性势能 $\frac{1}{2}\int_\Omega |\nabla u|^2 \mathrm{d}x$ 组成, 即

$$E(t) = \frac{1}{2}\int_\Omega [(\partial_t u)^2 + |\nabla u|^2]\mathrm{d}x, \quad t \in [0, +\infty). \tag{4.48}$$

记 $\Omega_T := (0, T) \times \Omega$, 我们首先对初边值问题

$$\begin{cases} \partial_t^2 u - \Delta u = f(t, x), & (t, x) \in \Omega_T, \\ u(0, x) = \varphi(x), \ \partial_t u(0, x) = \psi(x), & x \in \Omega, \\ u(t, x) = 0, & (t, x) \in (0, T) \times \partial\Omega \end{cases} \tag{4.49}$$

的解建立关于 $E(t)$ 的估计.

定理 4.5.1 若 $u \in C^2([0, T] \times \overline{\Omega})$ 为初边值问题 (4.49) 的解, 则如下能量估计成立:

$$E(t) \leqslant C\big[\|\psi\|_{L^2(\Omega)}^2 + \|\nabla\varphi\|_{L^2(\Omega)}^2 + \|f\|_{L^2(\Omega_T)}^2\big], \quad \forall t \in [0, T], \tag{4.50}$$

其中 $C = C(T) > 0$ 为不依赖于 u 的常数.

证明 由于 $E(t)$ 的定义 (4.48) 及 u 满足初边值问题 (4.49), 可得

$$\begin{aligned} \frac{\mathrm{d}E(t)}{\mathrm{d}t} &= \int_\Omega (\partial_t u \cdot \partial_t^2 u + \nabla u \cdot \partial_t \nabla u)\mathrm{d}x \\ &= \int_\Omega (\partial_t u \cdot \Delta u + \partial_t u \cdot f + \nabla u \cdot \partial_t \nabla u)\mathrm{d}x \\ &= \int_\Omega [\nabla \cdot (\partial_t u \nabla u) + \partial_t u \cdot f]\mathrm{d}x. \end{aligned}$$

由 Green 公式及 u 满足齐次 Dirichlet 边界条件 $u|_{(0,T)\times\partial\Omega} \equiv 0$, 我们有

$$\begin{aligned} \frac{\mathrm{d}E(t)}{\mathrm{d}t} &= \int_{\partial\Omega} \partial_t u \cdot \frac{\partial u}{\partial \boldsymbol{n}}\mathrm{d}S + \int_\Omega \partial_t u \cdot f \mathrm{d}x \\ &= \int_\Omega \partial_t u \cdot f \mathrm{d}x \\ &\leqslant \frac{1}{2}\int_\Omega [(\partial_t u)^2 + f^2]\mathrm{d}x \\ &\leqslant E(t) + \frac{1}{2}\int_\Omega f^2 \mathrm{d}x, \end{aligned}$$

这里我们用了基本不等式及 (4.48). 于是由 Gronwall (格朗沃尔) 不等式, 我们得到

$$\begin{aligned} E(t) &\leqslant C\left[E(0) + \int_0^t \int_\Omega f^2(\tau, x)\mathrm{d}x\mathrm{d}\tau\right] \\ &\leqslant C\big[\|\psi\|_{L^2(\Omega)}^2 + \|\nabla\varphi\|_{L^2(\Omega)}^2 + \|f\|_{L^2(\Omega_T)}^2\big], \quad \forall t \in [0, T], \end{aligned}$$

其中 $C = C(T)$ 为仅依赖于 T 的正数. $\qquad\qquad\square$

推论 4.5.1 当 f 恒为零时, 初边值问题 (4.49) 的能量 $E(t)$ 为常数. 也就是说, 对于边界固定的自由振动过程, 其能量是守恒的.

由定理 4.5.1 所给出的能量估计, 我们容易得到初边值问题 (4.49) 解的唯一性和稳定性.

定理 4.5.2 (4.49) 的解若存在, 则必是唯一的, 并且该解关于初值 φ, ψ 以及右端项 f 是连续依赖的.

证明 先证明唯一性. 若 (4.49) 有两个解, 记为 u_1, u_2, 令 $u = u_1 - u_2$, 则函数 u 满足齐次方程的初边值问题

$$\begin{cases} \partial_t^2 u - \Delta u = 0, & (t,x) \in \Omega_T, \\ u(0,x) = 0, \ \partial_t u(0,x) = 0, & x \in \Omega, \\ u(t,x) = 0, & (t,x) \in (0,T) \times \partial\Omega, \end{cases} \tag{4.51}$$

应用能量估计 (4.50), 则有

$$E(t) = 0.$$

因此 u 在 Ω_T 上恒为常数. 又由 u 满足齐次边界条件 $u = 0$, 从而在 Ω_T 中 $u \equiv 0$.

再证稳定性, 对 $i = 1, 2$, 假设 v_i 为初边值问题

$$\begin{cases} \partial_t^2 v_i - \Delta v_i = f_i(t,x), & (t,x) \in \Omega_T, \\ v_i(0,x) = \varphi_i(x), \ \partial_t v_i(0,x) = \psi_i(x), & x \in \Omega, \\ v_i(t,x) = 0, & (t,x) \in (0,T) \times \partial\Omega \end{cases}$$

的解, 令 $v = v_1 - v_2$, 则 v 满足初边值问题

$$\begin{cases} \partial_t^2 v - \Delta v = f(t,x), & (t,x) \in \Omega_T, \\ v(0,x) = \varphi(x), \ \partial_t v(0,x) = \psi(x), & x \in \Omega, \\ v(t,x) = 0, & (t,x) \in (0,T) \times \partial\Omega, \end{cases}$$

其中 $f := f_1 - f_2$, $\varphi := \varphi_1 - \varphi_2$, $\psi := \psi_1 - \psi_2$. 应用能量估计 (4.50), 则有

$$E(t) \leqslant C \big[\|\nabla\varphi\|_{L^2(\Omega)}^2 + \|\psi\|_{L^2(\Omega)}^2 + \|f\|_{L^2(\Omega_T)}^2 \big], \quad \forall t \in [0,T].$$

因此, 当 $\|\nabla(\varphi_1 - \varphi_2)\|_{L^2(\Omega)}^2 + \|\psi_1 - \psi_2\|_{L^2(\Omega)}^2 + \|f_1 - f_2\|_{L^2(\Omega_T)}^2 \to 0$ 时, 必有

$$\sup_{t \in (0,T]} \|\nabla v\|_{L^2(\Omega)}^2 + \|\partial_t v\|_{L^2(\Omega)}^2 \to 0. \qquad\qquad\square$$

当弹性体振动过程中受到外部力作用时, 其能量函数未必总是由 (4.48) 所给出. 此时我们通常采用乘子法 (multiplier method), 重新定义该定解问题的能量函数, 并导出恰

当的能量估计, 进而得到原定解问题解的唯一性和稳定性.

例 4.5.1 用能量方法证明如下初边值问题解的唯一性:

$$
\begin{cases}
\partial_t^2 u - \Delta u = 0, & (t, x) \in \Omega_T, \\
u(0, x) = \varphi(x), \ \partial_t u(0, x) = \psi(x), & x \in \Omega, \\
\dfrac{\partial u}{\partial \boldsymbol{n}} + \sigma u = 0, & (t, x) \in (0, T) \times \partial\Omega.
\end{cases}
$$

证明 设 $u \in C^2(\Omega_T) \cap C^1(\overline{\Omega_T})$ 为该初边值问题的解. 我们先推导其能量估计. 将 $\partial_t u$ 乘到波方程两端, 并在 Ω 上积分, 得到

$$
\begin{aligned}
0 &= \int_\Omega \partial_t u \cdot (\partial_t^2 u - \Delta u)\mathrm{d}x \\
&= \int_\Omega \partial_t \left(\frac{1}{2}|\partial_t u|^2\right) - \nabla \cdot (\partial_t u \nabla u) + \partial_t \left(\frac{1}{2}|\nabla u|^2\right)\mathrm{d}x.
\end{aligned}
$$

由 Green 公式及边界条件,

$$
\begin{aligned}
0 &= \frac{\mathrm{d}}{\mathrm{d}t}\int_\Omega \frac{1}{2}(|\partial_t u|^2 + |\nabla u|^2)\mathrm{d}x - \int_{\partial\Omega} \partial_t u \cdot \frac{\partial u}{\partial \boldsymbol{n}}\mathrm{d}S \\
&= \frac{\mathrm{d}}{\mathrm{d}t}\int_\Omega \frac{1}{2}(|\partial_t u|^2 + |\nabla u|^2)\mathrm{d}x + \int_{\partial\Omega} \partial_t u \cdot \sigma u \mathrm{d}S \\
&= \frac{\mathrm{d}}{\mathrm{d}t}\left(\frac{1}{2}\int_\Omega (|\partial_t u|^2 + |\nabla u|^2)\mathrm{d}x + \frac{\sigma}{2}\int_{\partial\Omega} u^2 \mathrm{d}S\right).
\end{aligned}
$$

令 $E_\sigma(t) = \dfrac{1}{2}\int_\Omega (|\partial_t u|^2 + |\nabla u|^2)\mathrm{d}x + \dfrac{\sigma}{2}\int_{\partial\Omega} u^2 \mathrm{d}S$, 则

$$
\frac{\mathrm{d}E_\sigma(t)}{\mathrm{d}t} = 0, \quad \forall t \geqslant 0,
$$

从而

$$
E_\sigma(t) \equiv E_\sigma(0) = \frac{1}{2}\int_\Omega (|\psi|^2 + |\nabla\varphi|^2)\mathrm{d}x + \frac{\sigma}{2}\int_{\partial\Omega} \varphi^2 \mathrm{d}S, \quad \forall t \geqslant 0.
$$

由此能量估计可得, 当初值 $\varphi \equiv 0, \psi \equiv 0$ 时, 能量 $E_\sigma(t) \equiv 0$. 因此解 u 恒为常数, 于是由边界条件知 $u \equiv 0$. 最后利用方程的线性叠加性, 易得该初边值问题解的唯一性. $\qquad \square$

当弹性体振动时, 若在边界上受到阻尼力的作用, 弹性体会渐渐趋于静止. 下面我们用能量方法, 在数学上严格证明这一点.

考虑如下带有耗散边界条件的弦振动方程的初边值问题:

$$
\begin{cases}
\partial_t^2 u - \partial_x^2 u = 0, & (t, x) \in (0, +\infty) \times (0, 1), \\
u(0, x) = \varphi(x), \ \partial_t u(0, x) = \psi(x), & x \in (0, 1), \\
u(t, 0) = 0, & t \in (0, +\infty), \\
\partial_x u(t, 1) + \alpha \partial_t u(t, 1) = 0, & t \in (0, +\infty),
\end{cases}
\tag{4.52}
$$

其中 $\alpha > 0$. 定义能量函数

$$E(t) = \frac{1}{2}\int_0^1 (|\partial_t u|^2 + |\partial_x u|^2)\mathrm{d}x. \tag{4.53}$$

定理 4.5.3 设 u 为初边值问题 (4.52) 的经典解, 则其能量随时间 $t \to +\infty$ 是指数衰减的, 即存在常数 $C > 0$, $\mu > 0$, 使得

$$E(t) \leqslant Ce^{-\mu t}E(0), \quad t \in [0, +\infty).$$

证明   首先我们证明, 能量函数 $E(t)$ 是随时间不增的. 事实上利用 u 满足的方程及边界条件, 直接计算可得

$$\begin{aligned}
\frac{\mathrm{d}E(t)}{\mathrm{d}t} &= \int_0^1 (\partial_t u \cdot \partial_t^2 u + \partial_x u \cdot \partial_{xt} u)\mathrm{d}x \\
&= \int_0^1 [\partial_t u \cdot \partial_x^2 u + \partial_x(\partial_x u \cdot \partial_t u) - \partial_x^2 u \cdot \partial_t u]\mathrm{d}x \\
&= \partial_x u \cdot \partial_t u \big|_0^1 \\
&= -\alpha|\partial_t u(t,1)|^2 \leqslant 0, \quad \forall t \in [0, +\infty).
\end{aligned} \tag{4.54}$$

下面, 我们进一步证明能量 $E(t)$ 随时间趋于 $+\infty$ 指数衰减到 0. 我们将乘子 $x\partial_x u$ 乘到弦振动方程的两端, 并且在区间 $I = (0,1)$ 上进行积分, 得到

$$\begin{aligned}
0 &= \int_0^1 (x\partial_x u) \cdot (\partial_t^2 u - \partial_x^2 u)\mathrm{d}x \\
&= \int_0^1 \left[\partial_t(x\partial_x u \cdot \partial_t u) - x\partial_{tx}u \cdot \partial_t u - x\partial_x\left(\frac{1}{2}|\partial_x u|^2\right)\right]\mathrm{d}x \\
&= \frac{\mathrm{d}}{\mathrm{d}t}\int_0^1 x\partial_x u \cdot \partial_t u\,\mathrm{d}x - \int_0^1 x\partial_x\left(\frac{1}{2}|\partial_t u|^2 + \frac{1}{2}|\partial_x u|^2\right)\mathrm{d}x.
\end{aligned}$$

令 $e(t) = \int_0^1 x\partial_x u \cdot \partial_t u\,\mathrm{d}x$, 通过分部积分, 我们得到

$$\begin{aligned}
\frac{\mathrm{d}e(t)}{\mathrm{d}t} &= \int_0^1 x\partial_x\left(\frac{1}{2}|\partial_t u|^2 + \frac{1}{2}|\partial_x u|^2\right)\mathrm{d}x \\
&= \frac{x}{2}(|\partial_t u|^2 + |\partial_x u|^2)\big|_{x=0}^{x=1} - E(t) \\
&= \frac{1+\alpha^2}{2}|\partial_t u(t,1)|^2 - E(t).
\end{aligned} \tag{4.55}$$

注意到

$$\begin{aligned}
|e(t)| &\leqslant \int_0^1 |\partial_x u||\partial_t u|\mathrm{d}x \\
&\leqslant \frac{1}{2}\int_0^1 (|\partial_x u|^2 + |\partial_t u|^2)\mathrm{d}x = E(t),
\end{aligned}$$

令 $\tilde{E}(t) = E(t) + \beta e(t)$, 其中 $0 < \beta < 1$, 则有

$$(1 - \beta)E(t) \leqslant \tilde{E}(t) \leqslant (1 + \beta)E(t).$$

由 (4.54) 及 (4.55), 并取 $\beta < \dfrac{2\alpha}{1 + \alpha^2}$, 则有

$$\begin{aligned}
\frac{\mathrm{d}\tilde{E}(t)}{\mathrm{d}t} &= -\alpha|\partial_t u(t, 1)|^2 + \frac{\beta(1 + \alpha^2)}{2}|\partial_t u(t, 1)|^2 - \beta E(t)\\
&\leqslant -\beta E(t)\\
&\leqslant -\frac{\beta}{1 + \beta}\tilde{E}(t).
\end{aligned}$$

因此 $\tilde{E}(t) \leqslant \mathrm{e}^{-\frac{\beta}{1+\beta}t}\tilde{E}(0)$, 进而

$$E(t) \leqslant \frac{1}{1 - \beta}\tilde{E}(t) \leqslant \frac{1}{1 - \beta}\mathrm{e}^{-\frac{\beta}{1+\beta}t}\tilde{E}(0) \leqslant \frac{1 + \beta}{1 - \beta}\mathrm{e}^{-\frac{\beta}{1+\beta}t}E(0), \quad \forall t \in (0, +\infty).$$

定理证毕. $\qquad\qquad\qquad\qquad\qquad\qquad\qquad\qquad\qquad\qquad\qquad\qquad\qquad$ $\square$

4.5.2 Cauchy 问题解的唯一性

以三维情形为例, 考虑波方程的 Cauchy 问题

$$\begin{cases} \partial_t^2 u - \Delta u = 0, & (t, x) \in (0, +\infty) \times \mathbb{R}^3,\\ u(0, x) = \varphi(x),\ \partial_t u(0, x) = \psi(x), & x \in \mathbb{R}^3. \end{cases} \tag{4.56}$$

设 $(t_0, x_0) \in (0, +\infty) \times \mathbb{R}^3$, 对任意 $t \in [0, t_0)$, 定义

$$E(t) = \frac{1}{2}\int_{B_{t_0-t}(x_0)}[(\partial_t u)^2 + |\nabla u|^2]\mathrm{d}x,$$

$$F(t) = \frac{1}{2}\int_0^t\int_{\partial B_{t_0-s}(x_0)}|\boldsymbol{n}\partial_t u(s, x) - \nabla u(s, x)|^2\mathrm{d}S_x\mathrm{d}s.$$

通常如图 4.9 所示, $E(t)$ 称为 $B_{t_0-t}(x_0)$ 上的能量, $F(t)$ 称为 $\Sigma_t(x_0) = \{(s, x) : 0 \leqslant s \leqslant t,\ x \in \partial B_{t_0-s}(x_0)\}$ 上流出的能量.

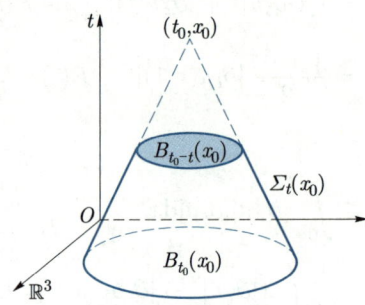

图 4.9 决定区域

　　下面我们考察能量 $E(t)$ 随时间变化的规律. 为此, 在波方程两边同时乘 $\partial_t u$, 然后关于 x 积分可得

$$\int_{B_{t_0-t}(x_0)} \left[\frac{1}{2}\partial_t((\partial_t u)^2) + \frac{1}{2}\partial_t(|\nabla u|^2) \right] \mathrm{d}x = \int_{B_{t_0-t}(x_0)} \nabla \cdot (\partial_t u \nabla u)\mathrm{d}x$$

$$= \int_{\partial B_{t_0-t}(x_0)} \partial_t u \cdot \frac{\partial u}{\partial \boldsymbol{n}} \mathrm{d}S_x.$$

故

$$\frac{\mathrm{d}E(t)}{\mathrm{d}t} = \frac{\mathrm{d}}{\mathrm{d}t} \left(\frac{1}{2} \int_0^{t_0-t} \int_{\partial B_s(x_0)} ((\partial_t u)^2(t,x) + |\nabla u(t,x)|^2)\mathrm{d}S_x \mathrm{d}s \right)$$

$$= -\frac{1}{2}\int_{\partial B_{t_0-t}(x_0)} ((\partial_t u)^2 + |\nabla u|^2)\mathrm{d}S_x + \frac{1}{2}\int_{B_{t_0-t}(x_0)} \partial_t((\partial_t u)^2 + |\nabla u|^2)\mathrm{d}x$$

$$= -\frac{1}{2}\int_{\partial B_{t_0-t}(x_0)} ((\partial_t u)^2 + |\nabla u|^2)\mathrm{d}S_x + \int_{\partial B_{t_0-t}(x_0)} \partial_t u \cdot \frac{\partial u}{\partial \boldsymbol{n}}\mathrm{d}S_x$$

$$= -\frac{1}{2}\int_{\partial B_{t_0-t}(x_0)} |\boldsymbol{n}\partial_t u - \nabla u|^2\mathrm{d}S_x = -\frac{\mathrm{d}F(t)}{\mathrm{d}t}.$$

即

$$E(t) + F(t) = E(0), \quad \forall t \in [0, t_0).$$

这表明没有外力作用时, 波方程的能量守恒. 利用这一点, 我们容易得到, Cauchy 问题解的唯一性.

定理 4.5.4　三维波方程的 Cauchy 问题

$$\begin{cases} \partial_t^2 u - \Delta u = f(t,x), & (t,x) \in (0, +\infty) \times \mathbb{R}^3, \\ u(0,x) = \varphi(x),\ \partial_t u(0,x) = \psi(x), & x \in \mathbb{R}^3 \end{cases} \tag{4.57}$$

的 $C^2(\mathbb{R}_+ \times \mathbb{R}^3)$ 解若存在, 则必是唯一的.

证明　设 Cauchy 问题 (4.57) 有两个解 $u_1, u_2 \in C^2((0, +\infty) \times \mathbb{R}^3)$, 令 $u = u_1 - u_2$, 则 u 是 $\psi \equiv 0$ 时 Cauchy 问题 (4.35) 的解. 此时对任意 $(t_0, x_0) \in (0, +\infty) \times \mathbb{R}^3$,
$E(0) = \dfrac{1}{2}\displaystyle\int_{B_{t_0}(x_0)} [|\partial_t u(0,x)|^2 + |\nabla u(0,x)|^2]\mathrm{d}x = 0$, 由上述能量估计可得

$$E(t) = \frac{1}{2}\int_{B_{t_0-t}(x_0)} [(\partial_t u)^2 + |\nabla u|^2]\mathrm{d}x = 0, \quad \forall t \in [0, t_0).$$

在锥体 $\{(t,x) : 0 \leqslant t < t_0,\ |x - x_0| \leqslant t_0 - t\}$ 内 u 为常数 0. 特别地, $u(t_0, x_0) = 0$. 最后由 (t_0, x_0) 的任意性知 $u \equiv 0$, 即 $u_1 \equiv u_2$. □

习题 4.5

1. 用能量方法证明波方程 Cauchy 问题的解关于初值和非齐次项的稳定性.

2. 设 $\Omega \subset \mathbb{R}^n$ 是有界区域, u 是带耗散项的波方程初边值问题

$$\begin{cases} \partial_t^2 u - \Delta u + \partial_t u = 0, & (t,x) \in (0,T) \times \Omega, \\ u(0,x) = \varphi(x),\ \partial_t u(0,x) = \psi(x), & x \in \Omega, \\ u(t,x) = 0, & (t,x) \in (0,T) \times \partial\Omega \end{cases}$$

的解. 试证明其能量关于时间递减, 进而证明解的唯一性.

3. 设 $u \in C^2([0,T] \times \overline{\Omega})$ 为初边值问题 (4.49) 的解, 试证明关于解的 L^2 – 能量估计:

$$\int_{\Omega} u^2(t,x)\mathrm{d}x \leqslant C\big[\|\varphi\|_{L^2(\Omega)}^2 + \|\nabla\varphi\|_{L^2(\Omega)}^2 + \|\psi\|_{L^2(\Omega)}^2 + \|f\|_{L^2(\Omega_T)}^2\big], \quad \forall t \in [0,T],$$

其中 $C = C(T) > 0$ 为常数.

4. 设 $\Omega \subset \mathbb{R}^n$ 是有界区域, 证明初边值问题

$$\begin{cases} \partial_t^2 u - \Delta u - \partial_t u = f(u), & (t,x) \in (0,T) \times \Omega, \\ u(0,x) = \varphi(x),\ \partial_t u(0,x) = \psi(x), & x \in \Omega, \\ \dfrac{\partial u}{\partial \boldsymbol{n}}(t,x) = 0, & (t,x) \in (0,T) \times \partial\Omega \end{cases}$$

解的唯一性和 u 及其导数在 L^2 范数意义下的稳定性, 其中 f 是 $\mathbb{R}$ 上的 Lipschitz 函数, 初值 φ, ψ 满足一定的相容性条件.

5. 设 $\Omega \subset \mathbb{R}^n$ 是有界区域, $u(t,x)$ 为初边值问题

$$\begin{cases} \partial_t^2 u - \Delta u + u^3 = 0, & (t,x) \in (0,T) \times \Omega, \\ u(0,x) = \varphi(x),\ \partial_t u(0,x) = \psi(x), & x \in \Omega, \\ u(t,x) = 0, & (t,x) \in (0,T) \times \partial\Omega \end{cases}$$

的光滑解.

(1) 试推导解 u 满足的能量不等式;

(2) 证明当 $\varphi = \psi = 0$ 时, $u \equiv 0$ 成立.

*6. 设 $u(t,x)$ 是 Cauchy 问题

$$\begin{cases} \partial_t^2 u - \Delta u + (\partial_t u)^{2n+1} = 0, & (t,x) \in (0,T) \times \mathbb{R}^n, \\ u(0,x) = \varphi(x),\ \partial_t u(0,x) = \psi(x), & x \in \mathbb{R}^n \end{cases}$$

的光滑解. 若 $\varphi(x), \psi(x)$ 具有紧支集, 证明 $\forall s \in (0,T)$, $u(s,\cdot)$ 具有紧支集.

*7. 设 $u(t,x)$ 是 Cauchy 问题

$$\begin{cases} \partial_t^2 u - \Delta u + |\partial_t u|^{p-1}\partial_t u = f(t,x), & (t,x) \in (0,T) \times \mathbb{R}^n, \\ u(0,x) = \varphi(x),\ \partial_t u(0,x) = \psi(x), & x \in \mathbb{R}^n \end{cases}$$

的光滑解, 其中 $p > 1$ 为常数, 求证该问题解的唯一性.

*8. 设 Ω 是有界区域, 考虑二阶线性双曲型方程的初边值问题

$$\begin{cases} \partial_t^2 u - \displaystyle\sum_{i,j=1}^n \partial_{x_i}(a_{ij}\partial_{x_j}u) + \sum_{k=1}^n b_k \partial_{x_k} u + cu = f, & (t,x) \in (0,T) \times \Omega, \\ u(0,x) = \varphi(x),\ \partial_t u(0,x) = \psi(x), & x \in \Omega, \\ u(t,x) = 0, & (t,x) \in (0,T) \times \partial\Omega, \end{cases}$$

其中系数 a_{ij}, b_k, c 以及右端项 f 均为 $\overline{\Omega_T} = [0,T] \times \overline{\Omega}$ 上的光滑函数, 满足 $a_{ij} = a_{ji}$, $i,j = 1,2,\cdots,n$, 且存在常数 $\theta > 0$, 使得

$$\sum_{i,j=1}^n a_{ij}(t,x)\xi_i\xi_j \geqslant \theta|\xi|^2, \quad \forall \xi \in \mathbb{R}^n,\ (t,x) \in \Omega_T.$$

(1) 试用能量方法证明该初边值问题的解的唯一性;

(2) 令 $E(t) = \displaystyle\int_\Omega \left[|u|^2 + |\partial_t u|^2 + |\nabla u|^2\right]\mathrm{d}x$, 证明存在 $C(T) > 0$, 使得

$$E(t) \leqslant C\left[\int_0^T \int_\Omega |f|^2 \mathrm{d}x\mathrm{d}t + E(0)\right], \quad \forall t \in [0,T];$$

(3) 若将原问题中的边界条件改为 Neumann 条件

$$\frac{\partial u}{\partial \boldsymbol{n}} = 0, \quad (t,x) \in (0,T) \times \partial\Omega,$$

还能否得到 (2) 中的结论? 若能, 请予证明; 若不能, 请仿照 Neumann 条件给出合理的边界条件.

4.6　一般的双曲型方程

在这一章中, 我们讨论了常系数波方程的物理背景、解的表达式和解的性质. 对于更一般的线性双曲型方程, 我们可以把它写成

$$\partial_t^2 u = Lu + f, \tag{4.58}$$

其中,

$$Lu = \sum_{i,j=1}^{n} \partial_{x_i} \left(a_{ij} \partial_{x_j} u \right) + \sum_{i=1}^{n} b_i \partial_{x_i} u + cu.$$

这里, $a_{ij}, b_i, c \in C^{\infty}(\overline{U})$, $a_{ij} = a_{ji}, i, j = 1, 2, \cdots, n$. 进一步, 我们要求算子 L 满足一致椭圆性条件, 即存在 $\lambda > 0$, 使得

$$\sum_{i,j=1}^{n} a_{ij}(t,x)\xi_i\xi_j \geqslant \lambda |\xi|^2, \quad \forall \xi \in \mathbb{R}^n, \ \forall (t,x) \in U,$$

这里 U 为具体的时空区域.

一般形式的线性双曲型方程可以描述波在非均匀介质中的传播或随时空变化的波动现象等. 此外, 对于拟线性波方程

$$\partial_t^2 u - a^2(u, \partial_t u, \nabla u)\Delta u = f(u, \partial_t u, \nabla u),$$

也可以通过线性化迭代的方法

$$\partial_t^2 u^{(m)} - a^2(u^{(m-1)}, \partial_t u^{(m-1)}, \nabla u^{(m-1)})\Delta u^{(m)} = f(u^{(m-1)}, \partial_t u^{(m-1)}, \nabla u^{(m-1)})$$

得到近似解序列 $\{u^{(m)}\}$. 因此, 研究满足 (4.58) 形式的线性波方程, 为我们提供了一个研究更复杂的拟线性波方程的思路.

对于一般的双曲型方程, 我们仍然可以提相应的 Cauchy 问题

$$\begin{cases} \partial_t^2 u = Lu + f, & (t,x) \in (0,T) \times \mathbb{R}^n, \\ u(0,x) = \varphi(x), \ \partial_t u(0,x) = \psi(x), & x \in \mathbb{R}^n, \end{cases} \tag{4.59}$$

以及有界区域上的初边值问题

$$\begin{cases} \partial_t^2 u = Lu + f, & (t,x) \in (0,T) \times \Omega, \\ u(0,x) = \varphi(x), \ \partial_t u(0,x) = \psi(x), & x \in \Omega, \\ u(t,x) = g(t,x), & (t,x) \in (0,T) \times \partial\Omega. \end{cases} \tag{4.60}$$

这里我们选取了 Dirichlet 边界条件. 事实上, 我们也可以考虑 Neumann 边界条件、Robin 边界条件、耗散边界条件, 以及相对应的初边值问题.

对于问题 (4.59) 和 (4.60), 通常无法直接写出解的表达式, 进而由表达式得到解的性质. 但我们在这一章的前几节学习的定性分析方法, 特别是能量方法仍然适用, 并可以帮助我们得到波方程的很多重要性质, 例如解的正则性、衰减性以及波的有限传播速度等.

定理 4.6.1 波方程 (4.58) 的经典解具有有限传播速度. 也就是说, 若 u_1, u_2 是 (4.58) 的经典解, 且满足

$$u_1(0,x) = u_2(0,x), \ \partial_t u_1(0,x) = \partial_t u_2(0,x), \quad \forall x \in B_R(x_0).$$

则存在常数 $A > 0$, 使得

$$u_1(t, x) = u_2(t, x), \forall (t, x) \in \left\{ |x - x_0| < R - At, 0 \leqslant t < \frac{R}{A} \right\}.$$

注 4.6.1 这一结论表明, 初值在 $B_R(x_0)$ 以外发生的变化不会马上对 x_0 处的解产生影响, 而至少要等到 $t \geqslant \dfrac{R}{A}$ 之后.

利用这个结论, 我们还可以直接得到 Cauchy 问题 (4.59) 经典解的唯一性. 请读者尝试利用能量方法分析各类初边值问题经典解的唯一性.

值得注意的是, 采用 Galerkin 方法, 并利用能量方法建立双曲型方程解的先验估计, 还能得到解的存在性.

第五章

偏微分方程的应用

在前几章, 我们介绍了三类基本的数学物理方程, 展示了偏微分方程在揭示物理原理、刻画物理现象、解决物理问题中的重要作用. 偏微分方程在很多领域都有广泛的应用, 包括物理学、工程学、生物学、经济学、人工智能和计算机科学等. 随着现代科技的发展, 它不仅在基础科学研究 (包括在其他的数学分支) 中发挥着核心作用, 推动这些领域的发展, 还在工程技术、经济决策和医疗健康等领域中提供实际的解决方案. 偏微分方程的应用价值在于它提供了一种强大的分析和预测工具, 可以处理多变量问题并揭示复杂系统的基本原理. 在本章中, 我们通过偏微分方程在电磁学、最优传输问题、最优控制理论中的应用, 进一步展示偏微分方程是现代数学应用的一个重要工具.

5.1　电磁学与 Maxwell 方程组

尽管雷电、磁石等自然的电磁现象很早就被广泛地观察记录和应用, 但直到 18 世纪中后期, 人们才开始用定量手段精确地来描述电磁现象. 19 世纪中叶以 Ampère 定律、Biot-Savart (毕奥 – 萨伐尔) 定律为代表的一大批实验定律已经可以准确地描述和预测很多电磁学现象. 而 Faraday (法拉第) 发现电磁感应定律等一批实验现象后, 开始尝试用以力线为代表的电磁场来描述电磁学理论, 但在这时人们仍然缺少一个统一而完善的理论体系, 将这些已知的重要物理定律统一起来.

在与 Faraday 深刻交流之后, 英国物理学家、数学家 Maxwell 基于他对物理学、数学原理以及两者关系的深刻理解, 建立了以 Maxwell 方程组为代表的电磁场理论, 用一组简洁的偏微分方程组统一了当时的电磁学定律, 使人们可以在一个统一的数学框架下描述、理解、预测各种表面形式互不相同的电磁学现象, 这成为了一切关于经典电磁场讨论的基础和出发点.

作为 Maxwell 方程组数学性质的一个推论, Maxwell 预言了电磁波现象, 给出了电磁波的数学描述, 并说明了光是电磁波的一类, 这一预言最终由 Hertz (赫兹) 通过实验证实. 时至今日, 从手机、近场通信、微波炉到雷达、射电望远镜、激光加工、核磁共振检验检测, 在生活生产的方方面面, 我们都要用到各类电磁波的接收与发射, 而 Maxwell 方程组仍然是设计制造这些收发电磁波器材的基础.

与此同时, 电磁场是人们第一个准确描述的以场为基本存在形式的物理实在, 这极大地拓宽了人们对物质这一基本概念的认识, 而 Maxwell 方程组在坐标系变换下的数学表达, 迫使人们重新审视我们对时间和空间这一对基本概念的理解, 促使了相对论的产生.

Maxwell 方程组在不同应用需求下往往写作不同的等价形式, 其中真空中 Maxwell 方程组的微分形式为

$$\mathrm{div}\, \boldsymbol{E} = \frac{\rho}{\varepsilon_0}, \tag{5.1}$$

$$\mathrm{div}\, \boldsymbol{B} = 0, \tag{5.2}$$

$$\mathrm{curl}\, \boldsymbol{E} = -\frac{\partial \boldsymbol{B}}{\partial t}, \tag{5.3}$$

$$\mathrm{curl}\, \boldsymbol{B} = \mu_0 \left(\varepsilon_0 \frac{\partial \boldsymbol{E}}{\partial t} + \boldsymbol{j} \right). \tag{5.4}$$

这是一组一阶线性偏微分方程组, 其中 $\boldsymbol{E} = (E_1, E_2, E_3)^{\mathrm{T}}$ 为电场强度向量, $\boldsymbol{B} = (B_1, B_2, B_3)^{\mathrm{T}}$ 为磁感应强度向量, ρ 为电荷密度函数, $\boldsymbol{j} = (j_1, j_2, j_3)^{\mathrm{T}}$ 为电流密度函数, 它们都是时间变量 t 和空间变量 x 的函数, ε_0 为真空中的介电常数, μ_0 为真空中的磁导率.

方程组中的第一个方程

$$\mathrm{div}\, \boldsymbol{E} = \frac{\rho}{\varepsilon_0}$$

为电场的 Gauss 定律, 对任意具有光滑边界的有界区域 Ω, 将方程两边关于 x 在 Ω 上积分, 并使用 Gauss-Green 公式, 可以得到

$$\int_{\partial \Omega} \boldsymbol{E} \cdot \boldsymbol{n} \mathrm{d}S = \frac{1}{\varepsilon_0} \int_{\Omega} \rho \mathrm{d}x,$$

即通过任意封闭曲面 $\partial \Omega$ 向外的电通量等于此曲面内部所包含的电荷的代数和 (即正负电荷相互抵消) 除以 ε_0.

第二个方程

$$\mathrm{div}\, \boldsymbol{B} = 0$$

为磁场的 Gauss 定律, 类似上文, 我们有

$$\int_{\partial \Omega} \boldsymbol{B} \cdot \boldsymbol{n} \mathrm{d}S = 0,$$

即通过任意封闭曲面 $\partial \Omega$ 的磁感应通量为 0, 磁场是一个无源场. 事实上探索我们的时空中是否存在像电荷一样的磁单极子, 一直是物理学中的重要问题, 如果磁单极子得以发现, 整个 Maxwell 方程组都要进行变化调整.

方程组中的第三个方程

$$\mathrm{curl}\, \boldsymbol{E} = -\frac{\partial \boldsymbol{B}}{\partial t}$$

为 Faraday 电磁感应定律, 它定量地表示了变化磁场与其所感应的电场之间的关系. 对于任意光滑曲面 S, 将方程在 S 上作第二类曲面积分, 并利用 Stokes 公式, 我们有

$$\oint_{\partial S} \boldsymbol{E} \cdot \mathrm{d}l = -\int_S \frac{\partial \boldsymbol{B}}{\partial t} \cdot \boldsymbol{n} \mathrm{d}S,$$

即任何封闭曲线 ∂S 的电场环量, 正比于以此曲线为边缘的任一曲面 S 上的磁感应通量的减少率, 其中 $\boldsymbol{n}$ 的方向由 l 以右手系决定.

方程组中的第四个方程

$$\operatorname{curl} \boldsymbol{B} = \mu_0 \left(\varepsilon_0 \frac{\partial \boldsymbol{E}}{\partial t} + \boldsymbol{j} \right)$$

是推广的 Ampère 定律. 类似上文我们有

$$\oint_{\partial S} \boldsymbol{B} \cdot \mathrm{d}l = \mu_0 \varepsilon_0 \int_S \frac{\partial \boldsymbol{E}}{\partial t} \cdot \boldsymbol{n} \mathrm{d}S + \mu_0 \int_S \boldsymbol{j} \cdot \boldsymbol{n} \mathrm{d}S,$$

其中若电磁场定常, 即方程组中各个函数均不依赖于 t, 我们看到稳定电流磁场环量正比于通过相应曲面上的电流, 这就是 Ampère 定律. Maxwell 利用方程组的数学结构深刻地考虑了电磁感应之间的联系, 如同变化的磁场能激发电场, 他认为变化的电场也应当会激发磁场, 由此 Maxwell 提出了位移电流的概念, 为方程增加了一个新的 $\frac{\partial \boldsymbol{E}}{\partial t}$ 项.

此时如果我们重新审视方程组的数学结构, 利用后两个方程分别关于 x 求旋度和关于 t 求偏导后消去磁感应强度 $\boldsymbol{B}$, 我们有

$$\frac{1}{c^2} \frac{\partial^2 \boldsymbol{E}}{\partial t^2} + \operatorname{curl} \operatorname{curl} \boldsymbol{E} = -\mu_0 \frac{\partial \boldsymbol{j}}{\partial t},$$

其中 $c = (\varepsilon_0 \mu_0)^{-\frac{1}{2}}$, 再由

$$\operatorname{curl} \operatorname{curl} \boldsymbol{E} = \nabla \operatorname{div} \boldsymbol{E} - \Delta \boldsymbol{E},$$

我们得到了一组三个波方程

$$\frac{\partial^2 \boldsymbol{E}}{\partial t^2} - c^2 \Delta \boldsymbol{E} = -\frac{c^2}{\varepsilon_0} \nabla \rho - c^2 \mu_0 \frac{\partial \boldsymbol{j}}{\partial t},$$

类似地, 对磁场我们可以得到另一组三个波方程

$$\frac{\partial^2 \boldsymbol{B}}{\partial t^2} - c^2 \Delta \boldsymbol{B} = \frac{1}{\varepsilon_0} \operatorname{curl} \boldsymbol{j},$$

我们发现即使在时空的某个子集上, $\rho = 0$, $\boldsymbol{j} = \boldsymbol{0}$, 即没有电荷或电流来产生电磁场, 电场和磁场仍然可以通过相互感应激发, 按我们在第四章中介绍的波方程的形式进行传播, 这就是电磁波. 同时我们看到电磁波的传播速度为 c, 通过计算这个数值恰好是真空中的光速. 由此 Maxwell 预言电磁波广泛存在, 可以利用 Maxwell 方程组描述, 并且光也是一种电磁波. 20 多年后, Hertz 通过实验定律确定了电磁波的存在, 这也标志着以 Maxwell 方程组为核心的电磁场理论开始被广泛地接受和应用.

Maxwell 方程组是偏微分方程这一数学工具在应用中展示其强大能力的例证之一, 它使人们能用极为简洁的形式统一已知的众多电磁学定律, 并以其数学结构深刻地预言了尚未被观测到的定律和现象, 给广泛的科学、技术、工程的应用建立了坚实的基础.

5.2 最优传输问题与 Monge-Ampère 方程

最优传输问题最早由 Monge 在 1781 年提出: 考虑将一堆 $\mathbb{R}^n$ 中的沙子运送到某个特定的沙坑, 使花费最小. 方便起见, 假设沙子的总质量为 1, 初始沙子分布可以用一个概率测度 μ 描述, 最终运输到沙坑的沙子分布为固定的概率测度 ν. 将 x 处的沙子运送到 y 处的花费假设为 $c(x, y)$. Monge 选取 c 为 $c(x, y) = |x - y|$. 一般我们可以选取 $c(x, y) = |x - y|^p, 1 \leqslant p < \infty$.

设映射 $T : \mathbb{R}^n \to \mathbb{R}^n$ 为某种运送方案, 即 x 处的沙子运送到 $y = Tx$ 处的沙坑内 (图 5.1).

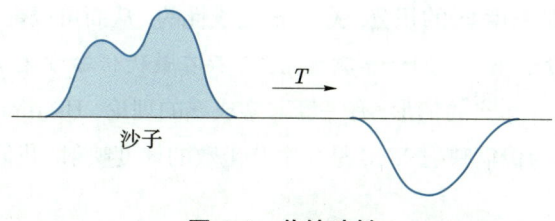

图 5.1 传输映射

定义 5.2.1 对于可测映射 $T : \mathbb{R}^n \to \mathbb{R}^m$ 和 $\mathbb{R}^n$ 上的测度 μ, 定义测度

$$T_{\#}\mu(B) = \mu(T^{-1}(B)), \quad \forall B \subset \mathbb{R}^m,$$

$T_{\#}\mu$ 称为测度 μ 沿映射 T 的前推测度.

显然, T 要满足约束条件 $T_{\#}\mu = \nu$. 对于给定的运送方案 T, 总花费为 $\displaystyle\int c(x, Tx)\mathrm{d}\mu$. Monge 问题即为求解最小化问题

$$\inf_T \int c(x, Tx)\mathrm{d}\mu,$$

取遍所有将 μ 运送至 ν 的运送方案 T.

引理 5.2.1 设 $T : \mathbb{R}^n \to \mathbb{R}^n$ 为 C^1 映射, 概率测度 $\mu(x) = f(x)\mathrm{d}x$, $\nu(x) = g(x)\mathrm{d}x$ 满足 $\nu = T_{\#}\mu$, 则对几乎处处的 $x \in \mathbb{R}^n$,

$$f(x) = g(Tx)|\det JT(x)|,$$

其中 JT 是映射 T 的 Jacobi 矩阵.

证明 对于任意的 $\varphi \in C_c(\mathbb{R}^n)$, 由变量代换公式,

$$\int \varphi(y)\mathrm{d}\nu(y) = \int \varphi(y)g(y)\mathrm{d}y = \int \varphi(Tx)g(Tx)|\det JT(x)|\mathrm{d}x.$$

由于 $T_{\#}\mu = \nu$, 故

$$\int \varphi(y)\mathrm{d}\nu(y) = \int \varphi(Tx)\mathrm{d}\mu(x) = \int \varphi(Tx)f(x)\mathrm{d}x.$$

由于对所有的 φ 成立, 从而结论成立.   □

注意到 Monge 的传输映射 $T : \mathbb{R}^n \to \mathbb{R}^n$ 无法分离质量, 即 x 处的沙子质量无法运送到不同的目的地. Kantorovich (康托罗维奇) 推广了 Monge 的问题. 设 π 为 $\mathbb{R}^n \times \mathbb{R}^n$ 上的概率测度. 将 $\pi(x,y)$ 理解为从 x 处运送到 y 处的质量, 允许 x 处的质量分别送到不同的目的地 y.

考虑

$$\inf_{\pi} \int c(x,y)\mathrm{d}\pi(x,y),$$

取遍所有允许的传输方案 π. 原来 Monge 问题关于 T 的约束条件有很强的非线性, 而 Kantorovich 问题中是测度 π 的积分, 关于 π 是线性的. 从而可以证明如下定理.

定理 5.2.1   *对于 $\mathbb{R}^n$ 上的概率测度 μ, ν, 存在最优传输方案 π.*

对于 $c(x,y) = |x - y|^2$ 的情形, 有一套非常成熟的理论. Brenier (布雷尼尔) 证明了最优传输方案可表达为传输映射 $\nabla\varphi$, 是一个凸函数的梯度映射. 我们称 φ 为 Brenier 势函数.

定理 5.2.2   *对于满足一定条件的 μ, ν, 对于 $c(x,y) = |x - y|^2$, 存在唯一的最优传输方案 π, 满足*

$$\pi = (Id \times \nabla\varphi)_{\#}\mu,$$

其中 $\varphi : \mathbb{R}^n \to (-\infty, +\infty]$ 为凸函数.

接下来, 我们用 Brenier 定理证明等周不等式. 古希腊人就知道, 在周长相等的平面区域中, 圆的面积最大. 等价地, 在面积相等的平面区域中, 圆的周长最短. 这个问题可以自然推广到 $\mathbb{R}^n$ 中, 称为等周问题: $\mathbb{R}^n$ 中体积相等的区域中是否球的表面积最小? 对于 $\mathbb{R}^n$ 中的光滑区域 Ω, 我们记 $|\Omega|$ 为 Ω 的体积, $P(\Omega)$ 为 Ω 的表面积.

定理 5.2.3 (等周不等式)   设 Ω 是 $\mathbb{R}^n$ 中的有界光滑区域, 则

$$P(\Omega) \geqslant P(B_r), \tag{5.5}$$

其中 $|B_r| = |\Omega|$, 等号成立当且仅当在差一个零测集的意义下, $\Omega = B_r(x_0)$, $x_0 \in \mathbb{R}^n$.

证明   由于 $P(a\Omega) = a^{n-1}P(\Omega)$, 不妨设 $|\Omega| = |B_1| = \omega_n$. 考虑概率测度

$$\mu = \frac{\chi_{\Omega}}{|\Omega|}\mathrm{d}x =: f\mathrm{d}x, \quad \nu = \frac{\chi_{B_1}}{|B_1|}\mathrm{d}x =: g\mathrm{d}x.$$

由 Brenier 定理, 存在凸函数 $\varphi : \mathbb{R}^n \to (-\infty, +\infty]$, 使得

$$(\nabla\varphi)_{\#}\mu = \nu.$$

由引理 5.2.1, 对几乎处处的 $x \in \Omega$,

$$g(\nabla\varphi(x))|\det\nabla^2\varphi(x)| = f(x). \tag{5.6}$$

这是一个关于 φ 的二阶非线性椭圆型方程, 是 Monge-Ampère 方程的一种特殊形式. 由于 φ 为凸函数, 对几乎处处的 $x \in \Omega$, 都有 $(\nabla^2\varphi(x)) \geqslant 0$.

断言: 对几乎处处的 $x \in \Omega$, $|\nabla\varphi(x)| \leqslant 1$.

事实上, 我们有

$$1 = \nu(B_1) = \mu\left((\nabla\varphi)^{-1}(B_1)\right) = \frac{1}{|\Omega|}\left|(\nabla\varphi)^{-1}(B_1) \cap \Omega\right|,$$

故

$$\left|(\nabla\varphi)^{-1}(B_1) \cap \Omega\right| = |\Omega|,$$

从而对几乎处处的 $x \in \Omega$, $\nabla\varphi(x) \in B_1$. 断言得证.

由方程, 对几乎处处的 $x \in \Omega$,

$$\det\nabla^2\varphi(x) = \frac{f(x)}{g(\nabla\varphi(x))} = 1.$$

设 λ_k 为 $\nabla^2\varphi(x)$ 的特征值, 故对几乎处处的 $x \in \Omega$,

$$\Delta\varphi(x) = \sum_k \lambda_k \geqslant n\left(\prod_k \lambda_k\right)^{\frac{1}{n}} = n\left(\det\nabla^2\varphi(x)\right)^{\frac{1}{n}} \geqslant n.$$

由 Green 公式

$$\begin{aligned}
P(\Omega) &= \int_{\partial\Omega} 1 \geqslant \int_{\partial\Omega} \langle\nabla\varphi, \boldsymbol{n}_{\partial\Omega}\rangle \\
&= \int_\Omega \Delta\varphi \geqslant n\int_\Omega 1 = n|\Omega| = n|\Omega|^{\frac{n-1}{n}}\omega_n^{\frac{1}{n}}.
\end{aligned}$$

对于等号情形 $P(\Omega) = P(B_1)$, 所有不等号都是等号. 特别地, $\nabla^2\varphi(x)$ 的特征值相等, 且由 $\det\nabla^2\varphi(x) = 1$ 知所有特征值均为 1, 故对几乎处处的 $x \in \Omega$, $\nabla^2\varphi(x) = Id$, 即知 $\nabla\varphi$ 为平移映射, 从而 $\Omega = B_1(x_0)$. □

另外, 最优传输理论在人工智能领域深度学习 (机器学习) 中有重要应用, 为该领域提供了数学理论基础. 深度学习的目标是学习流形上的概率分布, 分为两步: 学习流形的结构和学习概率分布. 以手写数字识别和人脸识别为例. 我们有大量的原始的图像资料 (样本集), 每个图像表示为 $\mathbb{R}^N$ 中的一个点 (向量), N 为像素, 坐标值表示颜色. 维数 N 往往非常大. 对于实例, 所有图像构成的点云, 分布在某个低维流形附近, 且点云在数据流形上的分布可以用概率测度来描述. 最优传输理论提供了强有力的工具来学习概率分布.

5.3   最优控制问题与 HJB 方程

偏微分方程是求解最优控制问题的重要工具. 美国学者 Bellman (贝尔曼) 在 20 世纪 50 年代提出动态规划原理, 并以此为基础推导了连续时间最优控制的值函数满足的方程, 即 Hamilton-Jacobi-Bellman 方程 (简称 HJB 方程). 在数学形式上, HJB 方程是完全非线性偏微分方程, 在应用上, 它给出了最优控制的充分必要条件, 因此 HJB 方程长期以来都是重要的研究对象.

我们先简单介绍最优控制问题. 考虑一个由常微分方程刻画的受控系统:

$$\begin{cases} \dot{x}(s) = f(x(s), \alpha(s)), & t < s < T, \\ x(t) = x \in \mathbb{R}^n, \end{cases} \tag{5.7}$$

其中 $T > 0$ 是给定的终端时刻, $x(s)$ 和 $\alpha(s)$ 分别是时刻 s 的系统状态和控制量, $f : \mathbb{R}^n \times A \to \mathbb{R}^n$ 是给定的有界 Lipschitz 连续函数, 集合 A 是控制集. 我们用 $\mathcal{A}$ 表示取值于 A 的可测函数全体, 称其为可允许控制集. 对于每一个可允许控制 $\alpha(\cdot) \in \mathcal{A}$, 我们定义如下的成本泛函:

$$J(\alpha(\cdot); t, x) = \int_t^T r(x(s), \alpha(s)) \mathrm{d}s + g(x(T)).$$

最优控制的目标是对于给定初始时刻 $t \in [0, T]$ 和初始状态 $x \in \mathbb{R}^n$, 找到一个控制 $\alpha^*(\cdot) \in \mathcal{A}$ 使得上述成本泛函达到最小值, 即

$$J(\alpha^*(\cdot); t, x) = \min_{\alpha(\cdot) \in \mathcal{A}} J(\alpha(\cdot); t, x).$$

为了求解最优控制问题, Bellman 引入动态规划方法, 提出了著名的最优化原理: 一个过程的最优决策具有这样的性质, 即无论其初始状态和初始决策如何, 其今后诸策略对以第一个决策所形成的状态作为初始状态的过程而言, 必须构成最优策略. 为了给出这个原理的数学表达, 我们需要引入值函数的概念, 即定义

$$V(t, x) = \inf_{\alpha(\cdot) \in \mathcal{A}} J(\alpha(\cdot); t, x).$$

在我们的设定下, Bellman 最优化原理可以如下叙述: 对于 $t, h > 0$, 只要 $t + h \leqslant T$, 则成立

$$V(t, x) = \inf_{\alpha(\cdot) \in \mathcal{A}} \left\{ \int_t^{t+h} r(x(s), \alpha(s)) \mathrm{d}s + V(t+h, x(t+h)) \right\}, \tag{5.8}$$

其中 $x(\cdot)$ 是系统 (5.7) 在控制 $\alpha(\cdot)$ 下的状态. 我们将这个结论的证明留给有兴趣的读者.

基于上述原理, 我们可以推导值函数 V 所满足的方程, 即 HJB 方程. 自然的想法是令 h 趋于 0, 并考察等式 (5.8) 的极限形式.

命题 5.3.1 (HJB 方程)　　假设值函数 $V \in C^1([0,T] \times \mathbb{R}^n)$, 则 V 满足如下偏微分方程终值问题:

$$
\begin{cases}
\partial_t V + \inf_{a \in A} H(x, \partial_x V, a) = 0, & (t,x) \in [0,T] \times \mathbb{R}^n, \\
V(T,x) = g(x), & x \in \mathbb{R}^n,
\end{cases}
\tag{5.9}
$$

其中

$$
H(x,p,a) = f(x,a) \cdot p + r(x,a), \quad x,p \in \mathbb{R}^n, \ a \in A.
$$

证明　　固定 $a \in A$ 并取控制 $\alpha(\cdot) \equiv a$, 利用 (5.8) 和中值定理可以得到

$$
0 \leqslant \frac{1}{h} \int_t^{t+h} r(x(s),a)\mathrm{d}s + \frac{V(t+h, x(t+h)) - V(t,x)}{h}
$$

$$
= r(x,a) + \partial_t V(t,x) + f(x,a) \cdot \partial_x V(t,x) + o(1),
$$

令 $h \to 0^+$ 并利用 a 的任意性即可得到

$$
0 \leqslant \partial_t V + \inf_{a \in A} H(x, \partial_x V, a).
$$

另一方面, 固定 $t < T$, 根据最优化原理 (5.8), 对任意 $\varepsilon > 0$ 和 $0 < h \leqslant T - t$, 存在可允许控制 $\tilde{\alpha}(\cdot)$ 以及相应的状态 $x(\cdot)$ 使得

$$
V(t,x) + \varepsilon h \geqslant \int_t^{t+h} r(x(s), \tilde{\alpha}(s))\mathrm{d}s + V(t+h, x(t+h)).
$$

再次利用中值定理可得

$$
\varepsilon \geqslant \frac{1}{h} \int_t^{t+h} r(x(s), \tilde{\alpha}(s))\mathrm{d}s + \frac{V(t+h, x(t+h)) - V(t,x)}{h}
$$

$$
= \frac{1}{h} \int_t^{t+h} \left[\partial_t V(s, x(s)) + f(x(s), \tilde{\alpha}(s)) \cdot \partial_x V(s, x(s)) + r(x(s), \tilde{\alpha}(s)) \right] \mathrm{d}s
$$

$$
\geqslant \frac{1}{h} \int_t^{t+h} \left[\partial_t V(s, x(s)) + \inf_{a \in A} H(x(s), \partial_x V(s, x(s)), a) \right] \mathrm{d}s,
$$

由条件可知最后一个积分中的被积函数关于 s 是连续的, 令 $h \to 0^+$ 并利用 ε 的任意性即可得到

$$
0 \geqslant \partial_t V(t,x) + \inf_{a \in A} H(x, \partial_x V(t,x), a).
$$

命题得证.　　□

HJB 方程可以帮助我们寻找最优控制. 假设我们已经通过求解 HJB 方程 (5.9) 获得值函数 $V \in C^1([0,T] \times \mathbb{R}^n)$, 并且对任意 $(t,x) \in [0,T] \times \mathbb{R}^n$ 都存在 $\alpha^*(t,x) \in A$ 使得

$$
H(x, \partial_x V(t,x), \alpha^*(t,x)) = \min_{a \in A} H(x, \partial_x V(t,x), a).
$$

进一步, 我们假设对任意 $(t,x) \in [0,T] \times \mathbb{R}^n$, 存在 $x^*(\cdot) = x^*(\,\cdot\,; t,x)$ 满足方程

$$
\begin{cases}
\dot{x}^*(s) = f(x^*(s), \alpha^*(s, x^*(s))), & t < s < T, \\
x^*(t) = x.
\end{cases}
$$

记 $\alpha^*(s) = \alpha^*(s, x^*(s))$, 并计算

$$
\frac{\mathrm{d}}{\mathrm{d}s} V(s, x^*(s)) = \partial_t V(s, x^*(s)) + f(x^*(s), \alpha^*(s)) \cdot \partial_x V(s, x^*(s))
$$
$$
= -r(x^*(s), \alpha^*(s)),
$$

对上式从 t 到 T 积分, 即有

$$
V(t,x) = h(x^*(T)) + \int_t^T r(x^*(s), \alpha^*(s)) \mathrm{d}s
$$
$$
= J(\alpha^*(\cdot); t, x).
$$

这表明如上获得的控制 $\alpha^*(\cdot)$ 是原问题的最优控制. 值得注意的是, 通过 HJB 方程构造的最优控制可以表示成时间和状态的函数, 即所谓的反馈控制, 这在应用中具有非常重要的意义.

以上分析是在理想条件下进行的, 但是对于许多应用问题, 这些条件并不能满足. 一般说来, 值函数往往不具备全局可微性, 而 HJB 方程也可能不存在经典解. 值函数的存在性通常可以保证, 但如何在正则性不足的情况下建立其与 HJB 方程的关系呢? 一个自然的想法是拓展 HJB 方程的解的定义. 20 世纪 80 年代, Crandall (克兰德尔) 和 Lions (莱昂斯) 引入了偏微分方程**粘性解**的概念, 并成功地应用于最优控制问题. 粗略地说, 在非常一般的条件下, 最优控制问题的值函数是 HJB 方程的粘性解, 反过来, 由于 HJB 方程的粘性解通常具有唯一性, 因此 HJB 方程的粘性解一定是值函数; 可以说, HJB 方程是给出了最优控制的完整刻画. 动态规划原理可以推广到随机最优控制问题, 相应的 HJB 方程则是二阶非线性偏微分方程, 其粘性解与最优控制问题的值函数亦有类似的联系.

习题答案与提示

名词索引

参考文献

[1] AXLER S, BOURDON P, RAMEY W. Harmonic Function Theory. 2nd ed. *Graduate Texts in Mathematics 137*. New York: Springer-Verlag, 2001.

[2] 陈恕行. 数学物理方程学习辅导二十讲. 北京: 高等教育出版社, 2015.

[3] 陈恕行. 现代偏微分方程导论, 北京: 科学出版社, 2007.

[4] DIBENEDETTO E. Partial Differential Equations. Boston: Birkhäuser, 1995.

[5] EVANS L C. Partial Differential Equations. 2nd ed. *Graduate Studies in Mathematics 19*. Washington: American Mathematical Society, 2010.

[6] GILBARG D, TRUDINGER N S. Elliptic Partial Differential Equations of Second Order. 2nd ed. *Grundlehren der Mathematischen Wissenschaften 224*. Berlin: Springer-Verlag, 1983.

[7] 谷超豪, 李大潜, 陈恕行, 等. 数学物理方程. 4 版. 北京: 高等教育出版社, 2023.

[8] HAN Q, LIN F. Elliptic Partial Differential Equations. 2nd ed. *Courant Lecture Notes in Mathematics 1*. New York: New York University, 2011.

[9] 姜礼尚, 陈亚浙, 刘西垣, 等. 数学物理方程讲义. 3 版. 北京: 高等教育出版社, 2007.

[10] JOHN F. Partial Differential Equations. 4th ed. *Applied Mathematical Sciences 1*. New York: Springer-Verlag, 1981.

[11] 李大潜, 秦铁虎. 物理学与偏微分方程: 上册. 2 版. 北京: 高等教育出版社, 2005.

[12] 李大潜, 秦铁虎. 物理学与偏微分方程: 下册. 2 版. 北京: 高等教育出版社, 2005.

[13] LI P. Geometric analysis. *Cambridge Studies in Advanced Mathematics 134*. Cambridge Cambridge University Press, 2012.

[14] SMOLLER J. Shock Waves and Reaction-Diffusion Equations. *Grundlehren der Mathematischen Wissenschaften 258*. New York: Springer-Verlag, 1983.

[15] STEIN E M, SHAKARCHI R. *Fourier Analysis*. Princeton: Princeton University Press, 2002.

[16] 尹景学, 王春朋, 杨成荣, 等. 数学物理方程. 北京: 高等教育出版社, 2010.

[17] 周蜀林. 偏微分方程. 北京: 北京大学出版社, 2005.

[18] 朱长江, 邓引斌. 偏微分方程教程. 北京: 科学出版社, 2005.

郑重声明

高等教育出版社依法对本书享有专有出版权。任何未经许可的复制、销售行为均违反《中华人民共和国著作权法》，其行为人将承担相应的民事责任和行政责任；构成犯罪的，将被依法追究刑事责任。为了维护市场秩序，保护读者的合法权益，避免读者误用盗版书造成不良后果，我社将配合行政执法部门和司法机关对违法犯罪的单位和个人进行严厉打击。社会各界人士如发现上述侵权行为，希望及时举报，我社将奖励举报有功人员。

反盗版举报电话	(010) 58581999　58582371
反盗版举报邮箱	dd@hep.com.cn
通信地址	北京市西城区德外大街4号 高等教育出版社知识产权与法律事务部
邮政编码	100120

读者意见反馈

为收集对教材的意见建议，进一步完善教材编写并做好服务工作，读者可将对本教材的意见建议通过如下渠道反馈至我社。

咨询电话	400-810-0598
反馈邮箱	hepsci@pub.hep.cn
通信地址	北京市朝阳区惠新东街4号富盛大厦1座 高等教育出版社理科事业部
邮政编码	100029

防伪查询说明

用户购书后刮开封底防伪涂层，使用手机微信等软件扫描二维码，会跳转至防伪查询网页，获得所购图书详细信息。

防伪客服电话	(010) 58582300

图书在版编目（CIP）数据

数学物理方程 / 雷震等编著. -- 北京：高等教育
出版社，2024.8. -- ISBN 978-7-04-063025-1

Ⅰ. O175.24

中国国家版本馆 CIP 数据核字第 2024VV3486 号

Shuxue Wuli Fangcheng

策划编辑	李　蕊	出版发行	高等教育出版社
责任编辑	宋玉文	社　　址	北京市西城区德外大街 4 号
封面设计	贺雅馨	邮政编码	100120
版式设计	徐艳妮	购书热线	010-58581118
责任绘图	马天驰	咨询电话	400-810-0598
责任校对	高　歌	网　　址	http://www.hep.edu.cn
			http://www.hep.com.cn
责任印制	赵义民	网上订购	http://www.hepmall.com.cn
			http://www.hepmall.com
			http://www.hepmall.cn

印　　刷	北京盛通印刷股份有限公司
开　　本	787mm×1092mm　1/16
印　　张	11
字　　数	200 千字
版　　次	2024 年 8 月第 1 版
印　　次	2024 年 8 月第 1 次印刷
定　　价	30.80 元

本书如有缺页、倒页、脱页等质量问题，
请到所购图书销售部门联系调换

数学"101 计划"已出版教材目录